向《颜氏家训》学早教

潘畅 评 孟凯 译

凤凰出版社

图书在版编目（CIP）数据

向《颜氏家训》学早教 / 潘畅评 ; 孟凯译. -- 南京 : 凤凰出版社, 2014.4（2024.12重印）
ISBN 978-7-5506-1970-8

Ⅰ. ①向… Ⅱ. ①潘… ②孟… Ⅲ. ①家庭道德－中国－南北朝时代②《颜氏家训》－研究 Ⅳ. ①B823.1

中国版本图书馆CIP数据核字(2014)第056323号

书　　名	向《颜氏家训》学早教
著　　者	潘 畅 评　孟 凯 译
责任编辑	傅 扬
出版发行	凤凰出版传媒股份有限公司 凤凰出版社(原江苏古籍出版社) 发行部电话025-83223462
出版社地址	南京市中央路165号,邮编:210009
出版社网址	http://www.fhcbs.com
经　　销	凤凰出版传媒股份有限公司
照　　排	江苏凤凰制版有限公司
印　　刷	唐山楠萍印务有限公司 唐山市芦台经济开发区场部
开　　本	960×1304毫米 1/32
印　　张	4
字　　数	108千字
版　　次	2014年4月第1版　2024年12月第2次印刷
标准书号	ISBN 978-7-5506-1970-8
定　　价	47.00元

(本书凡印装错误可向承印厂调换,电话:022-69381996)

前 言

家训是中国古代社会对子孙立身处世、持家治业的教诲。中国历史上第一部内容丰富、体系宏大的家训当首推《颜氏家训》。南北朝时北齐文学家颜之推将自己的人生经历、处世哲学、教育思想熔于一炉,以拳拳之心告诫后世子孙。其中对孩子的早期教育的注重,打破了时代的界限,历经千年仍对现代的家庭早教有着极强的借鉴意义。

我与《颜氏家训》似乎有着特殊的缘分。童年时,父亲的大书橱总显得那么高不可攀。一本本包着牛皮纸的大部头书籍,让初识文字的我觉得神秘莫测,望而却步。但终归心痒难忍,便怯生生地抽出一本看起来最薄的小书,那便是《颜氏家训》。翻开几页,看得昏天黑地,不知所以然。父亲笑着说:"别小看它薄,要想读懂读透,还要等你长大以后啊。"

少时的我,对父母的管束是那么不胜其烦。一次与他们大吵后,钻进自己的房间,狠狠地把门关死。情绪渐渐平稳,偶然瞥见在一摞书的重压下,隐隐露出的薄薄一本,抽出来打开,还是那本《颜氏家训》。匆匆浏览,似乎琢磨出些还难以言传的味道,似乎感觉出父母对自己的教育并非全像先前所认为的那样只是凭着不合时宜的经验与自以为是的直觉,而是确有一番堂堂正正的道理。

成年后,成为一名教师。不安于教书匠的照本宣科,因为讲台之下，是一个个活生生的生命。他们如此信任地把自己托付与我，每念于此，总觉得肩上压力陡增。他们千差万别的个性、层出不穷的想法、无比旺盛的精力，每每令我疲于应付，焦头烂额。当然最使我焦心的是一些生活习惯、学习习惯都出现不良倾向的所谓“后进生”。改变他们，要付出极大的努力，往往还收效甚微。在与这些孩子的家长的交流中，总是发现他们对孩子的早期教育出现了很大的偏差。或简单粗暴，或事无巨细，或只凭经验直觉，或一味偏袒骄纵，失败的早期教育在孩子身上留下了很多难以磨灭的印记，而许多家长却浑然不知。

总想给家长们更多的帮助，于是我又把目光投向了那本薄薄的《颜氏家训》，里面蕴含的许多朴素而深邃的早期教育的菁华，每次品读都觉得唇齿留香，受益匪浅。也曾把《颜氏家训》推荐给家长，但文言文的障碍和言简意赅的表达，难以让家长们顺利阅读和吸收。那时，我就有了一个念头，想把其中有关早期教育的条文分解成每位家长都可效仿操作的细则，用具体而有说服力的案例加以佐证和解读。让《颜氏家训》能够真正走进每个家庭，能对初为人父为人母的家长们有所启发，有所借鉴。

一旦动笔，却发现事情并不简单。事情出现转机，还得感谢女儿。照顾她吃喝拉撒睡的繁琐与劳心，面对她的坏脾气和无理取闹时的无奈与焦躁，每一天都让我切切实实地感受到了儿童早教的复杂性和反复性，同时也让我有了将《颜氏家训》中的早教思想用于实践的最好机会。在实际运用中，我更加真切地体会到了颜之推跨越千年的良苦用心，更加深刻地理解了书中的独到见解和思想价值。有了这些感悟和活生生的材料，再次动笔，就觉得流畅顺利，水到渠成了。

写完最后一个字，心中仍有着莫名的忐忑。担心它是否真有价值，能否被家长们接受。就在这时，传来了小女的敲门声，屋内的宁静顿时被打破了——她的笑声，她的唱歌声，她的喋喋不休，她的上蹿下跳。一瞬间，我感觉到了内心的充实与坦然。我知道，我是用真情在写，用真心在感悟。愿天下父母都能与儿女共同成长，珍惜相伴的因缘，享受相伴的快乐。

潘　畅

2013年9月

目 录

第一　序致

1　夫圣贤之书，教人诚孝，慎言检迹，立身扬名，亦已备矣。……吾今所以复为此者，非敢轨物范世也，业以整齐门内，提撕子孙。夫同言而信，信其所亲；同命而行，行其所服。禁童子之暴谑，则师友之诫，不如傅婢之指挥；止凡人之斗阋(xì)，则尧舜之道，不如寡妻之诲谕。吾望此书为汝曹之所信，犹贤于傅婢、寡妻耳。

译文 古代圣贤的著述，教诲人们要忠诚孝顺，言行谨慎，以建功立业名扬天下，所有这方面的道理都已讲得很全面详细。……如今我之所以要再写此《家训》，并非是要为世人树立什么道德规范，而只是用来整顿家门，教育子孙后代。同样的话语，因为是听自己亲近的人说的就会更加相信；同样的命令，因为是听自己敬服的人说的就会尽力执行。就管教孩童禁止其胡闹嬉笑而言，老师朋友的训诫，往往不如保姆的指挥那样有效；就制止世人的争斗而言，尧、舜的教导，常常还不如妻子的劝解。我希望你们能够遵信这部书，它比保姆、妻子的话还要更加贤明有用。

感悟 有人说，中国式家庭，自从有了孩子，好日子就到头了。第一声娇嫩的啼哭所带来的激动和欣喜很快被吃喝拉撒睡的琐碎和劳神冲刷得七零八落，还没缓过神来，如何进行家庭教育又让每一个爸爸妈妈猝不及防。都说对孩子的教育是家长一生最大最重要的投资，可要命的是这项投资没有系统的学习培训，没有上岗前的实习积累，一不留神就站在了最重要的战线之上，只能进，不许退；更要命的是这项投资还只能成功，不许失败，因为每个家庭都失败不起。

许多家长只能是赶鸭子上架，自学成才，各显神通，可是伴随着孩子的成长，层出不穷的问题总让人应接不暇，焦头烂额。很多家长经常抱怨：唉，孩子不听我的咋办？这一段选文似乎给出了一个答案——“就管教孩童禁止其胡闹嬉笑而言，老师朋友的训诫，往往不如保姆的指挥那样有效；就制止世人的争斗而言，尧、舜的教导，常常还不如妻子的劝解”，原来孩子不是不听，而是选择性地倾听。某小学的班级里有位学生很是让老师和家长头疼，学习落后，经常违反纪律，平时天不怕地不怕，无论是声色俱厉的批评还是和风细雨的教育通通都被当做了耳旁风。可是，情况也有例外，他上语文课时总是特别安静，眼睛盯着老师，跟着老师的一举一动、一颦一笑或点头或微笑，这难道是语文课的魅力吗？原来他最佩服的就是这位学识渊博、幽默诙谐又有亲和力的语文老师，所谓亲其师，信其道，效果自然会事半功倍。

亲近与敬服，是教育者与被教育者之间最美好、最高效的互动关系。但真正的亲近，不是一味娇纵和妥协，而是要走进孩子的内心，平等地交流，减轻相处时的逆反；真正的敬服，不是板起面孔、高高在上，而是用自己的言行和人格魅力去感染、去熏陶，让孩子收起轻狂，虚心接受，从而降低了教育的成本。

2　吾家风教，素为整密。昔在龆(tiáo)龀(chèn)，便蒙诱诲。每从两兄，晓夕温清(qìng)，规行矩步，安辞定色，锵锵翼翼，若朝严君焉。赐以优言，问所好尚，励短引长，莫不恳笃。

译文 我们的门风家教，向来严整周密。在我童年时期，就受到谆谆教诲。那时我每天跟随两位兄长，早晚侍奉双亲，举止端正，言谈谨慎，神色平和，恭敬有礼，小心翼翼，终日就好似要拜见庄严的君王一样。父母经常劝勉鼓励我们，询问我们的爱好志向，教导我们要扬长避短，态度莫不恳切真诚。

感悟 近代历史上的梁启超可谓是学贯中西的大牛人，自己在学术上著作等身不说，他的九个子女也是人人成才，长子梁思成、次子梁思永、五子梁思礼都是中科院院士，所谓一门三院士。真是让很多人羡慕不已，感叹老天真是太偏心眼了。其实哪里是老天偏心，而是梁启超教育有方。梁启超对每个孩子都充满了真挚的爱，这种爱不盲目，不泛滥，没有一般长辈常有的说教，只有循循善诱，晓之以理；没有指责，只有建议，给每个孩子提供有针对性的指导，使爱变成一种无形的力量，源源不断地注入孩子们的生命，帮助他们战胜学业上、生活上的各种困难。这种爱，成为了一个家庭的氛围和风气，就形成了所谓的"门风家教"。他的子女回忆自己的成长经历，莫不感叹梁氏门风家教对自己的潜移默化的熏染。

门风家教其实并不是名人的专利，不是高不可攀的，家长只要靠自己的以身作则与身体力行营造出民主和谐，积极向上，有浓浓书卷气的氛围和风气，就能让孩子变得乐观自信，开朗活泼，明礼谦和，有旺盛的创造力。父传子，子传孙，再出个有心人稍加整理，指不定又一部“家训”大作又诞生了呢。

3　年始九岁，便丁荼(tú)蓼(liǎo)，家涂离散，百口索然。慈兄鞠养，苦辛备至，有仁无威，导示不切。虽读《礼》、《传》，微爱属文，颇为凡人之所陶染，肆欲轻言，不修边幅。年十八九，少知砥砺，习若自然，卒难洗荡。二十已后，大过稀焉；每常心共口敌，性与情竞，夜觉晓非，今悔昨失，自怜无教，以至于斯。追思平昔之指，铭肌镂骨，非徒古书之诫，经目过耳也。故留此二十篇，以为汝曹后车耳。

译文 我九岁的时候，父亲母亲相继离世，从此全家陷入窘境，家道中落，家境萧条。慈爱的兄长抚养我长大，极其辛苦，他对我很仁慈而没有威严，引导教育也不那么严格。当时我虽诵读了《周礼》、《左传》，稍稍爱好写文章，但颇受到当时社会风气的影响，我也放纵欲望，言语轻率，不修边幅。到了十八九岁，才稍加磨砺，只因习惯已成自然，短时间内很难彻底清除。直到二十岁以后，才较少犯大错，但还是经常口是心非、心口不一，理智与情感冲突不断，乃至夜晚常反省白天的错误，今天悔恨昨天犯下的过失，自己常叹息由于缺乏教育，才会走到这一地步。回想起从前的教训，深有体会，刻骨铭心，不只是像古书中的训诫，看过读过，不留一点印象。所以写下这二十篇《家训》，给你们作为前车之鉴。

感悟 这是颜之推回首往事痛定思痛的肺腑之言啊。他深知自己身上存在的难以根除的毛病正是由于往昔家庭教育的不同程度的缺失所造成的。我们都知道一句俗话,“三岁看大,八岁看老”,意思是指一个人小时候的行为表现、智力发展、习惯态度等决定他以后甚至一生的命运。

我们来看看这个孩子——晨曦是家里唯一的孩子,爷爷奶奶姥姥姥爷爸爸妈妈,六个大人众星捧月般地围着她转,再加上晨曦从小体弱多病,家人更是格外娇宠与溺爱。到了小学,晨曦很不适应学校班级的各项严格规定,学习渐渐落后,与同学相处也是以自我为中心,动不动就发脾气、使性子。老师把家长喊到学校,家长却强调孩子如何如何聪明、懂事,把责任一股脑推给了老师和同学。晨曦的家人们是那么爱这个孩子,以致在家庭教育中只有慈爱,没有威严;只有宽容,没有严格。这样的孩子,心理承受能力和自觉学习能力是明显缺乏的,将极大影响孩子一生的发展。

我们再来看看一个成功的例子——难得糊涂的郑板桥对儿子的教育可不糊涂。他任山东潍县知县时,总担心亲戚过分宠爱他的儿子,所以不断写信,告诫家人:“余五十二岁始得一子,岂有不爱之理?然爱之必以其道。”“以其道”就是指教育孩子要有正确的方法,该严格时就严格,不能有丝毫的含糊。

我们的家庭教育总是充溢着浓浓的慈爱,缺乏的恰恰就是坚持原则、严格要求的威严。威严,并不意味着恐吓与体罚,而是一种性格发展和习惯养成上的塑造与规范,良好的性格与健康的习惯才是家长给孩子的最好的人生礼物。

第二 教子

4 上智不教而成，下愚虽教无益，中庸之人，不教不知也。古者圣王有胎教之法：怀子三月，出居别宫，目不邪视，耳不妄听，音声滋味，以礼节之。书之玉版，藏诸金匮。生子咳喂，师保固明孝仁礼义，导习之矣。凡庶纵不能尔，当及婴稚，识人颜色，知人喜怒，便加教诲，使为则为，使止则止。比及数岁，可省笞罚。

译文 天才不用教育都能成才，傻瓜即使教育也无济于事，只有绝大多数普通人要教育，不受教育就不明事理。古时候的圣王有进行胎教的做法：皇后、妃子怀孕三个月的时候，就要搬到别宫去居住，眼睛不看不好的事物，耳朵不听不好的声音，音乐、饮食都要按照礼法加以节制。另外，还得把胎教的方法写在玉版上，收藏进金柜里。孩子尚在幼儿时，就要请太师、太保，为他们讲解忠孝、仁义的道理，引导他们学习。普通老百姓纵使不能如此，也应在婴儿能识别大人脸色、懂得人的喜怒时，就加以教育，教育他们能做的才做，不能做的就不做。这样，等孩子长大几岁，就可免去鞭打惩罚。

感悟 原来大多数准爸爸、准妈妈们虔诚笃信的胎教是古已有之啊。现在各种胎教方法是铺天盖地，真恨不得让宝宝在肚子里就精通音律、熟记诗歌、能写会算、智商绝伦。中国的家长们都把“不要让孩子输在起跑线上”这句话奉若神明，而胎教又像是把教育提前到了走上起跑线之前的更衣准备室里。

胎教真有那么神奇的作用吗？最新的科研成果告诉我们，宝宝生活在羊水中，空气中听起来舒缓的声音透过腹腔壁传到子宫、羊水里面的时候会发生衰减和失真，这就好比人在水中听到岸上的声音会变成噪音一样。其实妈妈有节律的心音和规律的肠蠕动声就是胎儿最动听的音乐，一个温馨的家庭可以使孕妇心情舒畅、心境平和、情绪稳定，始终生活在充满爱的环境中，对胎儿未来性格的发育就会起到积极、良好的作用。

家长们在早教上要重视的不在智力上与技能上，而是情绪、情感、意志、耐受挫折等方面的初步培养和引导，这就是现在比较流行的情商。最简单的方法就是选文中所说的“教育他们能做的才做，不能做的就不做”。当孩子无理取闹时，明确地告诉他（她）哪些是不合理的要求，再哭再闹都没有作用；当孩子对其他小朋友心生怨恨时，及时地教会他（她）试着找出那位小朋友身上的三个优点，从而学会包容与宽容。

父母的这项工作具有长期性、持久性。父母要做孩子的“情商教授”——不能辞职、不能退休，做终生的教授，这是父母天赋的神圣职责。

5 父母威严而有慈，则子女畏慎而生孝矣。吾见世间，无教而有爱，每不能然；饮食运为，恣其所欲，宜诫翻奖，应诃反笑，至有识知，

谓法当尔。骄慢已习，方复制之，捶挞至死而无威，忿怒日隆而增怨，逮于成长，终为败德。孔子云："少成若天性，习惯如自然。"是也。俗谚曰："教妇初来，教儿婴孩。"诚哉斯语。

译文 身为父母对子女既要有威严又要有慈爱，子女自然会因敬畏、谨慎而有孝心。我看到世上那种对孩子不知教育只知溺爱的，常常不以为然。孩子想吃就吃，要做就做，父母任其为所欲为，不加管制，该教训时反而夸奖，该训斥时反而嬉笑，以至到孩子懂事时，反而认为那些错误的行为是理所当然的。当骄傲散漫已经成为孩子的习惯时，才想起制止，就算打死他们也无济于事，父母愤怒得越厉害，反而只会增加孩子的怨恨，等到他们长大成人了，最终还是成为道德败坏的人。孔子说："小时候养成的品德就像天性，习惯成自然。"就是这个意思。俗话说："教育儿媳妇要在刚进门时，教育儿女要在婴儿阶段。"这话对极了！

感悟 镜头一：小孩子把碗里的米饭撒得一地都是，高兴得手舞足蹈，一家人却无动于衷，爸爸还拿出相机喜滋滋地拍下来。

镜头二：小孙子没站稳，头碰在了桌子上，哇哇大哭。奶奶连忙赶来，一手搂着孙子，一手拍着桌子说：“让你碰俺的宝贝，打死你！”孙子立刻破涕为笑。

这两组镜头家长们应该不会陌生，它们在很多家庭都曾上演过。溺爱的坏处人人都明白，但一面对具体的情形，家长们还是不由自主地失去了原则。镜头一里的孩子，当他长大后养成不珍惜劳动成果的习惯时；镜头二里的小孙子，当他以后把所有责任都推给别人而看不出自己的问题时，这难道不是家长无原则的爱所造成的后果吗？

香港巨富李嘉诚的两个儿子大学毕业后想到父亲的公司工作，没想到在父亲那吃了闭门羹。李嘉诚告诉他们要去自力更生，去打拼江山。正是李嘉诚看似“冷酷无情”的做法，训练出了孩子独立自强的性格，为他们后来的成功提供了最持久的保障，这才是真正为孩子一生考虑的理性的爱。

6　凡人不能教子女者，亦非欲陷其罪恶，但重于诃怒，伤其颜色，不忍楚挞惨其肌肤耳。当以疾病为谕，安得不用汤药针艾救之哉？又宜思勤督训者，可愿苛虐于骨肉乎？诚不得已也。

译文 一般那些不善于教育子女的人，也并非想要使子女陷入罪恶的境地，只是不愿意使他们因受训斥而羞愧，也不忍心使他们因责打而损伤肌肤。父母的这种做法可以用生病来打比方，一个人生了病，难道能不用汤药、针灸去治疗吗？再说那些努力督促训诫子女的人，难道他们就愿意虐待自己的亲骨肉吗？实在是不得已啊！

感悟 孩子犯了错该怎么办呢？有些性急的家长一顿训斥甚至打骂后就烟消波静了，其实这只是自己解了气，跟教育没有关系；有些家长说怕说重了，打也舍不得，最后轻描淡写，不了了之。

孩子犯了错误，应该有必要的惩罚。惩罚不是体罚，体罚是有损孩子身心健康和自尊的，而惩罚则是一种对不良行为的强制性纠正，要让孩子知道犯了错误就要付出一定的代价。比如孩子欺负了别的小朋友，愚蠢的家长是和对方家长吵架，说自己的孩子也吃了亏；笨拙的家长是当着众人的面训斥孩子，强行让他道歉；而聪明的家长则是把孩子带到较为私密的空间，严厉指出他的错误，让他在规定时间和规定地点反思自己的行为，不能做任何无关的事情，哭闹撒娇都无济于事，直到真正认识到自己的错误并向对方做出真诚的道歉。这样的处理就是惩罚，最后家长再对孩子勇于承认，敢于承担的行为做出鼓励和表扬。

至于惩罚的方式，家长可以灵活处理。美国作家马克·吐温给孩子们制定了独特的家规：犯了错误必须受到惩罚，而惩罚的方式由孩子自己提出。有一次大女儿犯了错，她自己决定不去参加梦寐以求的家庭度假以示对自己的惩罚。马克·吐温看到女儿痛苦的神情，尽管心中也十分不忍，但仍鼓励孩子坚持自己选择的方式。多么慈爱温馨，舐犊情深的父亲；多么充满睿智，坚持原则的做法。当孩子犯错的时候，其实稍稍留心，我们也能想出许多办法，可能有的比马克·吐温还要高明呢。

7　父子之严，不可以狎(xiá)；骨肉之爱，不可以简。简则慈孝不接，狎则怠慢生焉。由命士以上，父子异宫，此不狎之道也；抑搔痒痛，悬衾箧(qiè)枕，此不简之教也。

译文 父子之间要严肃，而不可以过于亲昵；骨肉之间要有爱，但不可以简慢而无礼节。简慢了父慈子孝都做不好了，过于亲昵子女就会产生怠慢之心。据《礼记》记载，有教养的读书人，父子便分室居住，这是使父子之间不过分亲昵的道理。给父母搔痒按摩、铺床叠被，这些都是不使子女简慢父母的教育之道。

感悟 与孩子相处有时要保持一定的距离。大部分爸爸妈妈们对孩子是含在嘴里怕化了，捧在手里怕摔了，事无巨细全部安排得妥妥当当。这样做的后果便是孩子会认为这种爱是天经地义的，是理所当然的，因而不知道珍惜，更谈不上感恩了。我们看到"不孝儿女将年老父母扫地出门，少女当街掌掴母亲"等等新闻时总是对里面的不良子女痛恨不已，殊不知造成如此后果，大部分的家长难辞其咎，就像译文中所说的"过于亲昵子女就会产生怠慢之心"。

曾经有一位母亲，事无巨细地为孩子操办了生日聚会，孩子却一直埋怨这里布置得不好，那里准备得不够。母亲说他两句，他竟当着众人的面冲母亲发火。其实这位母亲没有让孩子参与到活动的组织中来，没有让他切身体会到自己的辛苦，孩子自然会不以为然，毫不领情。

所以家长们不能一味地付出，要教会孩子：父母为自己做事后要说谢谢。通过这种小的事情、小的情绪让孩子熟悉这种

感恩的状态，并最终知道如何表示自己的感恩。并且有意识地让孩子为父母、为家庭做一些力所能及的事情，比如收拾屋子、端菜洗碗，下班时让孩子拿双拖鞋、捶捶背、揉揉肩，这样做就是潜移默化地告诉孩子——爱的付出是相互的，学会给予才能更好地拥有，学会感恩才能真正地长大。

8　齐武成帝子琅邪王，太子母弟也，生而聪慧，帝及后并笃爱之，衣服饮食，与东宫相准。帝每面称之曰："此黠儿也，当有所成。"及太子即位，王居别宫，礼数优僭(jiàn)，不与诸王等。太后犹谓不足，常以为言。年十许岁，骄恣无节，器服玩好，必拟乘舆。尝朝南殿，见典御进新冰，钩盾献早李，还索不得，遂大怒，询曰："至尊已有，我何意无？"不知分齐，率皆如此。识者多有叔段、州吁之讥。后嫌宰相，遂矫诏斩之，又惧有救，乃勒麾下军士，防守殿门；既无反心，受劳而罢，后竟坐此幽薨。

译文 北齐武成帝高湛的三儿子琅琊王高俨，是太子高纬的同母兄弟，天资聪颖，武成帝及皇后都很疼爱他，他的吃穿规格都与东宫太子一样。武成帝常常当面夸奖他说："这是个聪慧的孩子，日后一定大有作为。"等到太子高纬即位当皇帝后，琅琊王便移居别宫，但他的待遇仍然超过其他诸王。太后却仍认为这还不够，常把不满挂在嘴边。琅琊王十多岁时,就飞扬跋扈、蛮横无理,他的吃穿用行,都要和皇帝相比。有一次,琅琊王去南殿朝见皇帝,看到典御官进献新鲜冰块,钩盾官进献早熟的李子。他回王府后就派人去索要,结果一无所得,便勃然大怒,骂道:“皇帝有的东西,我为何没有?”琅琊王不知分寸的言行,大都像这个样子。有见识的人就讥讽他是春秋时代的共叔段、州吁,此二人都因不守本分而死于非命。后来琅琊王因为讨厌宰相和士开,就假传圣旨要杀和士开,他又怕有人来救宰相,就命令手下的士兵把皇宫的大门团团围住。其实琅琊王本就没有造反的野心,受到安抚后就撤兵作罢。但他后来还是因此事获罪,最终被囚禁至死。

感悟 可怜的琅琊王高俨,父母的娇纵彻底毁了他,不知九泉之下的父母看到身陷囹圄、生不如死的宝贝儿子,又会作何感想啊。

父母的荫庇不会一生一世,无原则的娇宠和有求必应会让孩子觉得全世界的人都应该如此待他,这样的孩子走入社会将是多么可怕的事情。

我们来从一个成功的案例中找点启发:著名作家刘墉,儿子初到美国,在陌生的环境里更加内向而懦弱,没有朋友,几乎变得自闭。刘墉决定用严格的方式来培养孩子的独立性,他给儿子严格作息,不准偷懒和松懈;自己的事自己做——自己洗衣服,自己做饭。儿子一开始很不习惯,但刘墉仍然坚决进行到底。刘墉还常常和儿子玩一些竞技性的体育游戏。每次都毫不保留,让儿子十有八九都败下阵来。刘墉不许他生气、撒娇,还要向爸爸表示佩服。刘墉正是用这种方式教育孩子遇到困难时不要气馁,要有永不服输的精神。

按照刘墉的观点,孩子不是用规则就可以教得好的,规则总是会被他们忘掉的……但思考与行事的习惯一旦培养成功以后,便用不着借助记忆,很自然地就能在他们的人生中发生作用。父母所要做的,就是用规则的手段,强化孩子良好的思考与行事的习惯。

第三　兄弟

9　夫有人民而后有夫妇，有夫妇而后有父子，有父子而后有兄弟：一家之亲，此三而已矣。自兹以往，至于九族，皆本于三亲焉，故于人伦为重者也，不可不笃。……兄弟之际，异于他人，望深则易怨，地亲则易弭。譬犹居室，一穴则塞之，一隙则涂之，则无颓毁之虑；如雀鼠之不恤，风雨之不防，壁陷楹沦，无可救矣。

译文 有了人类然后才有夫妻，有了夫妻然后才有父子，有了父子然后才有兄弟：同一个家庭中的亲人，就有这三种关系。由此类推，直推到九族，都以这三种亲属关系为根本，所以这三种关系在人伦中极为重要，不能不认真对待。……兄弟之间，与他人的关系可不一样，相互要求过高就容易产生不满情绪，而关系亲密就容易消除隔阂。譬如我们住的房屋，出现一个漏洞就要堵上，出现一条细缝就要补好，这样就不用担心房屋会有倒塌的危险。假如对麻雀、老鼠的危害也不放在心上，刮风下雨也不预防，那么等到墙塌梁折之时，就无法补救了！

感悟 夫妻、父子、兄弟，构成基本的人伦关系。缺失任何一环都会带来许多弊端。从早教的角度来看，有兄弟姐妹的家庭是很利于孩子成长的，分散的爱容易让孩子更早地独立。所以很多家庭教育问题的产生都是因为家里只有一个孩子。在这种情况下，家长们要尽力创造条件让孩子与同龄人多接触。孩子在与小伙伴的交流嬉戏中能够体验分享、懂得合作、知道谦让、学会尊重，这些能够受益终生的精神财富绝对不是靠家长苦口婆心的说教得来的。家长还可以通过比较、观察，很直观地了解到孩子在与同龄人交往中显现出来的性格弱点和不良习惯，而这些弱点和习惯，在孩子与成人交往时往往被掩盖和忽视。

著名企业家潘石屹总是让孩子自己寻找玩伴和快乐，通过鼓励打消儿子对陌生孩子的警惕。到了外面，潘石屹只做一个旁观者，不陪着他玩，儿子只能主动找小朋友玩，很快就融入其中。如果跟小朋友有了什么矛盾，就让他自己去化解，大人不参与不介入。孩子在与同龄人的游戏交往中，渐渐学会了许多诸如"与人分享"、"合作游戏"、"原谅对方"的人际关系准则。

所以年轻的父母们，少给孩子报一些特长班、学习班，让他们多一些与小朋友、小伙伴玩耍的时间吧。

10 人或交天下之士，皆有欢爱，而失敬于兄者，何其能多而不能少也！人或将数万之师，得其死力，而失恩于弟者，何其能疏而不能亲也？

译文 世上有人能够和各种人交朋友，而且相处融洽，却对自己的兄长不尊敬，他们怎么能与那么多人相处，却不能善待自己仅有的兄长！世上有人能率领千军万马，并能让部下拼死效命，却不能爱护自己的弟弟，他们怎么能对关系疏远的人爱护有加，却不能爱护与自己关系亲密的弟弟！

感悟 只有爱自己身边的人——父母、兄弟、子女，才能够去爱更多的人。有些父母忙于事业，很少顾家，把孩子托付给老人。这类父母一旦见到孩子，总会产生一种补偿心理，会不由自主地满足孩子许多不合理的要求，久而久之对孩子的成长造成极为不利的影响。

著名教育家苏霍姆林斯基说过："在没有明智的家庭教育的地方，父母对孩子的爱只能使孩子变成畸形发展。这种变态的爱有许多种。其中主要有：1. 娇纵的爱，2. 专横的爱，3. 赎买式的爱。"

其实真正的亲情，不是昂贵的生日礼物，不是充足的零花钱，而应该是日日夜夜的陪伴，见证孩子的点滴成长。

说到这就不得不又提到美国作家马克·吐温。他非常享受与孩子在一起的每分每秒，总是不知疲倦地发挥自己的特长——讲故事，每次都非常认真，从不敷衍。能这样做是非常了不起的，我们很多家长在和孩子相处时，时间一长就会觉得不耐烦。比如给孩子念故事书，总觉得里面的故事太幼稚，太无聊，没念几页，就把书一扔，说："去去去，自己看去吧。"回想一下孩子当时黯然神伤的眼神，做家长的真要好好反思一下了。

11　江陵王玄绍，弟孝英、子敏，兄弟三人，特相爱友，所得甘旨新异，非共聚食，必不先尝，孜孜色貌，相见如不足者。及西台陷没，玄绍以形体魁梧，为兵所围，二弟争共抱持，各求代死，终不得解，遂并命尔。

译文 江陵人王玄绍，与弟弟王孝英、王子敏三人特别友爱。他们其中一人若得到美味新奇的食物，只要不是三人一起享用，就谁也不会先吃。兄弟三人相互友爱孜孜不倦，但每次见面时，他们仍感到自己做得不够好。后来西台被敌人攻陷了，王玄绍因为身材高大，被敌人包围，两个弟弟争着保护他，都愿意为兄长去死，但是都未能幸免，兄弟三人同时遇害。

感悟 王氏兄弟间的情谊实在让人羡慕，作为独生子女的家庭，家长们要鼓励孩子多交朋友。但是家长们经常发现孩子在与小伙伴们游戏交流时常常会因为一些小事而闹别扭，昨天还好得要同吃、同睡、穿同样的衣服，今天见面就像陌生人一样。人际关系是一个人成功的重要保证，戴尔·卡耐基说："一个人事业的成功只有15%取决于他的专业技能，另外的85%要依靠人际关系和处世技巧。"从小就不会与人相处的小孩，长大很难成功也很难快乐。人际交往出现问题大部分是因为孩子以自我为中心惯了，一碰到对方提出不同的想法时就会本能地抵触。家长要在第一时间进行正面引导，告诉孩子每个人都有自己的想法，真正的好朋友要能听进去对方跟自己不一样的提议或想法，闹矛盾时多想想他人身上的优点，多想想他曾经带给你的快乐。

李嘉诚回忆童年时，总是对母亲充满崇敬和感激，因为母亲教育了他要学会给予。只有索取，没有给予，就收获不了真正的友谊。

家庭里也要营造出民主和谐的气氛，大人们遇到问题可以采取开家庭会议的方式，各抒己见，相互融合形成都能接受的统一意见。整个过程要让孩子参与，大一些的孩子要允许他发表自己的意见。同样还是李嘉诚，在他的孩子还很小时，就让他们参加一些生意场上的研讨会，通过旁听让他们明白，每一个统一意见，都需要在互相尊重的前提下各方宽容妥协才能产生。久而久之，培养孩子学会包容、尊重和理解。

第四　后娶

12　凡庸之性，后夫多宠前夫之孤，后妻必虐前妻之子。非唯妇人怀嫉妒之情，丈夫有沉惑之僻，亦事势使之然也。前夫之孤，不敢与我子争家，提携鞠养，积习生爱，故宠之；前妻之子，每居己生之上，宦学婚嫁，莫不为防焉，故虐之。异姓宠则父母被怨，继亲虐则兄弟为仇，家有此者，皆门户之祸也。

译文 就一般人的秉性而言，继夫大多宠爱前夫的孩子，而后妻则必然虐待前妻的孩子。这不只是因为妇人常怀妒忌之心，男子就容易溺爱孩子，这也是事态发展的必然趋势。因为前夫的孩子，不敢和后夫的孩子争夺家业，并且经过提携抚养，时间久了自然生爱，因而继父会宠爱他；前妻的孩子，常常处在后妻所生孩子之上，无论学业、做官、婚姻，没有一样不需要防范的，因而继母会虐待他。异姓的孩子受宠爱，父母就会遭到亲生子女的怨恨；后母虐待前妻的孩子，同父兄弟就会变成仇敌，凡发生这类事情，都可以说是家门不幸。

感悟 夫妻离异，家庭破碎，最受伤的就是无辜的孩子。很多夫妻觉得孩子小，什么都不懂，其实即使再小的孩子，他们的心理都是敏感的。父母离婚无形中会在孩子的心中留下不可磨灭的印痕，给孩子的心理带来不可弥补的伤害。

学龄前的孩子常常会表现为强烈的负罪感，觉得父母亲分开都是因为自己的错，是自己不乖造成的："一定是因为我不听话，爸爸妈妈才不要我的。"而在情绪上的反应则是烦躁，甚至抑郁。小学阶段的孩子往往有着很强的自我表达意愿，情绪起伏明显。对于父母离婚，他们通常表现得异常愤怒或异常伤心。很大一部分孩子都会有持续的悲伤情绪状态，若不处理，在长大后，容易在感情上缺乏自信，总在担心对方会不会突然离开；与异性交往时，内心往往都很焦虑，自己也就不容易快乐起来。

无论家长如何开导和补偿，伤害一旦形成，就会深植于孩子的心中，对其一生都造成持续性的负面影响。所以很多问题少年、问题少女的童年大都有着一个破碎而爱意缺失的家庭。

孩子生下来就是一份沉甸甸的责任，为了这份上天赋予的责任，年轻的父母们在处理个人情感时要慎之又慎啊。

13 《后汉书》曰："安帝时，汝南薛包孟尝，好学笃行，丧母，以至孝闻。及父娶后妻而憎包，分出之。包日夜号泣，不能去，至被殴杖。不得已，庐于舍外，旦入而洒扫。父怒，又逐之，乃庐于里门，昏晨不废。积岁余，父母惭而还之。后行六年服，丧过乎哀。既而弟子求分财异居，包不能止，乃中分其财：奴婢引其老者，曰：'与我共事久，若不能使也。'田庐取其荒顿者，曰：'吾少时所理，意所恋也。'器物取其朽败者，曰：'我素所服食，身口所安也。'弟子数破其产，还复赈给。建光中，公车特征，至拜侍中。包性恬虚，称疾不起，以死自乞。有诏赐告归也。"

译文《后汉书》记载：汉安帝时，汝南有位姓薛名包字孟尝的人，他爱好学习，品行端正。他母亲已经去世，而他因为特别孝顺名闻乡里。后来薛包的父亲续娶了后妻，便开始嫌弃薛包，就让他分家出去居住。薛包为此日夜痛哭，不愿离开，以致被父亲用棍棒殴打。薛包不得已就在院子外搭了间草庐居住，每天早上仍回家清扫屋院。他父亲因此极为恼火，就将他赶走，他只得在村口搭起小屋居住，但是他每天早晚仍去给父亲继母请安。这样过了一年多，他的父母感到很惭愧，才让他回家居住。后来他的父亲和继母相继去世，薛包为此守孝六年，超出古代守孝三年的惯例以表哀痛之情。随后不久，薛包的侄子要求分家，他无法阻止，于是将家产平分：仆人薛包就选其中年长体弱的，他解释说："他们与我相处的时间很长了，你们使唤不了他们。"田地房屋薛包就选其中荒芜破败的，他解释说："这些都是我年轻时治理过的，对它们很有感情。"生活用品家具薛包就要残破陈旧的，他解释说："这些是我平时使用的，已经用习惯了。"分家后，其侄子多次破产，薛包就一次次资助他。汉安帝建光年间，朝廷特意派人来聘请他，后来他还做了侍中官，陪伴皇帝左右。但薛包天性清净不喜欢做官，于是就借口生病且病入膏肓，请求皇帝批准他告假回家。皇帝便下诏准许他保留官职回家养病。

感悟 好人薛包，父母失德，他却以德报怨。如此父母，令人发指，如此儿女，令人唏嘘感叹啊。

第五 治家

14 夫风化者，自上而行于下者也，自先而施于后者也。是以父不慈则子不孝，兄不友则弟不恭，夫不义则妇不顺矣。父慈而子逆，兄友而弟傲，夫义而妇陵，则天之凶民，乃刑戮之所摄，非训导之所移也。

译文 关于风俗教化这件事，是从上向下推行的，也是先人影响后人的。所以父亲不慈爱子女就不孝顺，兄长不友爱弟弟就不恭敬，丈夫不仁义妻子就不温顺。假如父亲慈爱而子女叛逆，兄长友爱而弟弟傲慢，丈夫仁义而妻子凶悍，那他们这些人是天生的凶恶之人，就要用刑罚威慑他们，教育对他们来说不管用。

感悟 人们常说：谁的孩子像谁。幼儿园或小学里初次开家长会时就有个特别有意思的现象，即使家长们没按孩子的座位就座，有经验的老师也能八九不离十地猜出这是谁的妈妈，那是谁的爸爸。这当然不光因为容貌，孩子的品性习惯、言行举止总能或多或少地投射出家长的影子，这里面有些是遗传，有些就是家长的言传身教了。最好的家庭教育应该是家长以身作则，通过耳濡目染给孩子带来潜移默化的影响。

著名作家老舍的母亲是一位勤劳一生的家庭妇女，她爱干净，家里任何地方都是一尘不染。她还常常让年幼的老舍干一些力所能及的活，慢慢地养成了他爱清洁、爱整齐的好习惯。老舍的好客、待人热情、有求必应，也是深受母亲言传身教的影响。老舍在纪念母亲时曾这样说道："从私塾到小学，到中学，我经历过起码有百位教师吧，其中有给我很大影响的，也有毫无影响的。但是我的真正的教师，把性格传给我的，是我的母亲。母亲并不识字，她给我的是生命的教育。"

约翰·布朗是19世纪美国人民反对黑人奴隶制运动的杰出领袖。他的教育方法主要是以身作则，给孩子们树立良好的榜样。当他发现孩子对他喝酒很感兴趣时，就立刻戒酒，从此滴酒不沾。他要求孩子们认真读书，首先就做到自己每天拿起书本一丝不苟地学习。

所以年轻的爸爸妈妈们，如果你想让孩子勤快，就把家里收拾得井井有条吧；如果你想让孩子孝顺，就对他的(她的)爷爷奶奶多尽尽孝心吧；如果你想让孩子热爱学习，就关掉电视和电脑，捧起书本来读吧。

15 笞怒废于家，则竖子之过立见；刑罚不中，则民无所措手足。治家之宽猛，亦犹国焉。

译文 在家庭中若没有规矩，孩子就会犯错。这就像一个国家，若刑罚不当，老百姓就不知如何是好。治家的宽厚与严格，就如同治理国家一样。

感悟 每个孩子的成长过程中，都会伴随着大大小小的叛逆，甚至是无理取闹。言传身教就显得远水不解近渴了，这就需要必要的规矩和适度的惩罚，才能使孩子知道有些事情是不能去做的，做了就要付出一定的代价。当然惩罚是教育，不是体罚；是手段，不是目的。它的核心还是以理服人，以情动人。有个孩子拿了别人的东西，家长怒气冲天，狠狠揍了他一顿，逼着孩子说了句“不敢了”就觉得尽到管教的责任了。殊不知，孩子若产生抵触情绪而不是心服口服，那教育就会适得其反。所以暴风疾雨之后一定要有和风细雨，必要的惩罚之后一定要有耐心的说服教育。教育是门艺术，来不得半点的简单粗暴，需要根据孩子的性格脾气和所犯错误的类型等等做出灵活的处理。

我们来看看这个例子：世界著名传媒大亨鲁伯特·默多克从小是家里唯一的儿子，在父亲的溺爱下，他就养成了任性和娇气的坏毛病，母亲为此伤透了脑筋。后来，母亲想出了一个“孤独惩罚”的办法——她让人在花园里盖了一间小木屋，每当默多克犯了错时，他就必须一个人住在小屋里，就算在寒冷的冬天也不例外。

乍一听起来，这种做法有点“残忍”。不过用默多克自己的话说，“正是母亲的这种‘残忍’，才造就了自己今天的成功和辉煌”。一般来说，惩罚只是一种恶性条件刺激，其效能是短时的，不能持久，孩子往往在忍受了惩罚之后依然故我。这位母亲的聪明之处在于，她成功地将对孩子的惩罚与锻炼结合在一起，在强迫孩子独自自我反省的同时，还巧妙地培养了孩子直面孤独与困难的勇气和信心。这一点，是难能可贵的，同时也起到了事半功倍的效果。

16　孔子曰：“奢则不孙，俭则固；与其不孙也，宁固。”又云：“如有周公之才之美，使骄且吝，其余不足观也已。”然则可俭而不可吝已。俭者，省约为礼之谓也；吝者，穷急不恤之

谓也。今有施则奢，俭则吝；如能施而不奢，俭而不吝，可矣。

译文 孔子说：“一个人若奢侈了就显得不谦逊，过于俭朴则会显得寒苦；但与其不谦逊，我宁愿选择寒苦。”孔子又说：“一个人即使具有周公那样的才能与美德，只要他骄横又吝啬，那么这样的人就不值一提了。”如此说来，做人可以俭朴而不能吝啬。俭朴，就是节约而不过分；吝啬，就是节约过头了，对于穷困的人也不救助。现在有的人是施舍时就奢侈无度，一俭朴起来就像吝啬的小气鬼；如果能做到既慈善而自己又不奢侈，既俭朴而又不吝啬，那就完美了。

感悟 古人特别重视节俭对一个人良好品德的塑造，但颜之推的高明之处就在于他能够辩证地看待这个问题。他指出节俭是当用则用，当省则省，用得其所；吝啬却是当用不用，不当省也省，勤俭节约绝对不同于吝啬小气。当一个“守财奴”、“铁公鸡”，既影响了自己的生活质量，又因从不助人行善而失去了大家的喜爱。那怎样才能让孩子俭朴而不吝啬呢？

第一，家长要做好表率，不要没有计划地大手大脚花钱，冲动消费，造成入不敷出；也不要过分抠门，为了省钱，忽视孩子的正常需求。

第二，让孩子参与到家庭财务管理中来，让他大概知道家庭的经济情况，引导他学会理财，能够有计划地、明智理性地消费。

第三，多带孩子出去见见世面，养成朴素大方的气质。参加一些公益活动、慈善活动，从小呵护他的爱心，有爱心的孩子就不会吝啬。

17 世间名士，但务宽仁；至于饮食饷馈，僮仆减损，施惠然诺，妻子节量，狎侮宾客，侵耗乡党：此亦为家之巨蠹矣。

译文 当今世上有的知名人士，治家只求宽容仁厚，却弄得待客的饮食及送给亲友的礼物，都被仆人给减少了，答应接济他人的财物，妻子也要从中克扣，以至发生慢待侮辱宾客，鱼肉乡邻的事情。这些都是治家的大害啊！

感悟 有的孩子天生大方，自己的好东西经常送给小朋友。小孩子不识贵贱，常把家长给买的较为贵重的玩具也送给别人，这就让家长十分尴尬。去要吧，怕伤了孩子自尊；不去要吧，又实在舍不得。长此以往，孩子养成了大手大脚花钱送物的习惯，这对他长大后理财持家是很不利的。家长要先肯定孩子对于友情的珍重，用送礼物来表示友好的主要目的是要让小朋友们学会感恩和与人分享，而不是让小朋友过早地晓得拿家长的钱去买人情。再逐步引导孩子认识到友谊的表达可以有很多种形式，一幅画作、一张贺卡、一个手工，因为亲手的制作更能蕴含深深的情谊。家长可以友情支援，和孩子一起制作一些小礼物，以免小朋友自己动手的成果太令人沮丧。也可以鼓励小朋友给亲人送礼物，亲人收到小朋友的心意礼物，一般都不会太苛求礼物的质量，反而会给小朋友更大的鼓励，培养孩子的成就感。

18　齐吏部侍郎房文烈，未尝嗔怒，经霖雨绝粮，遣婢籴米，因尔逃窜，三四许日，方复擒之。房徐曰："举家无食，汝何处来？"竟无捶挞。尝寄人宅，奴婢彻屋为薪略尽，闻之颦(pín)蹙(cù)，卒无一言。

译文 南朝齐代吏部侍郎房文烈，从不对人动怒。有一次家中因连日阴雨而断粮，他就派女仆人去买米，那个仆人却借机逃跑了。过了三四天，才把她给找回来。房文烈心平气和地对她说："全家人都吃不上饭了，你到哪里去了？"竟没有责罚她。他曾将一处宅院托付给朋友照看，仆人们把房子的木头拆下来当柴烧，几乎都把房子烧光了。他听说了也只是皱皱眉，始终没有说什么。

感悟 好一个视金钱如粪土的房文烈，估计他离将家底耗光的日子不远了。过于宽仁而缺少规矩，只会纵容了对方，造成不可挽回的损失。家庭教育亦是如此，夫妻双方最好能根据各自性格脾性的特点做好分工。这就是人们常说的"一个唱红脸，一个唱黑脸"，既有循循善诱，温柔宽容；又有严肃严格，坚持原则。缺失任何一方，都会造成孩子内心天平的倾斜。慈严相济，刚柔并包，才是教育的理想境界。

同时，让孩子从小有理财的意识也是非常重要的。摩根财团的创始人老摩根规定孩子每月的零花钱都必须通过干家务活来获得，结果几个孩子都抢着干家务。最小的孩子老抢不到活干，每天的零花钱很少，因此非常节省。老摩根知道后告诉他不用老想着如何节省，而应该考虑怎样才能多挣些钱。受到启发，这个孩子想了很多能干活的点子，零花钱渐渐多了起来。这让他明白：理财中赚比省更重要。

所以培养孩子的理财意识有三个小秘诀：一是让孩子明白，即使再多的钱，如果不加节制地消费总有花完的一天；二是让孩子知道，每次都将自己手中的钱拿出来一小部分，储存起来，日子长了也会成为一大笔；三是让孩子知道，将手中的一部分钱拿去做一点“投资”，偶尔也可以赚回更多的钱。

但是在家庭理财中切忌将钱摆在超越一切的位置，要记住亲情永远是第一位的。卡内基就曾对他的孩子说：“金钱不能换来感情。如果我特别大方，给你们很多钱，那你们可能只记得我的钱，记不住我这个人；所以我宁愿多花些时间关心你们，培养人与人之间的感情，因为在关爱面前，金钱就无能为力了。”

19　南阳有人，为生奥博，性殊俭吝。冬至后女婿谒之，乃设一铜瓯酒，数脔（luán）獐肉。婿恨其单率，一举尽之。主人愕然，俯仰命益，如此者再。退而责其女曰：“某郎好酒，故汝常贫。”及其死后，诸子争财，兄遂杀弟。

译文 南阳有个人，善于经营，家资巨富，但生性吝啬。冬至后他的女婿来看他，他只准备了一小铜壶的酒以及几块獐子肉。女婿嫌弃他太简单小气，一口气就将酒肉吃尽喝光了。这个人很吃惊，只好勉强应付添上一点儿，这样添了两次。他回头就责怪女儿说：“你丈夫太爱喝酒，所以你们总是过穷日子。”而等他死后，几个儿子为争夺家产发生了矛盾，因而还发生了哥哥杀弟弟的事情。

感悟 前面说到有些孩子过于大方带给家长的困扰。同样，有些孩子特别爱惜自己的东西，从不与小朋友分享，看到小朋友拿他的东西就会情绪失控，令家长特别难堪。大部分孩子都会有这么一个阶段，这其实是自我意识萌发的标志。但随着年龄的增长，情况没改观甚至愈演愈烈就要引起家长的高度重视了。因为一个吝啬小气的人很难拥有朋友，很难获得良好的人际关系。有些家长很着急，强行让孩子做出让步，最后弄得孩子大吵大闹，不可收拾。家长们要从家庭交往中做起，使其懂得好东西应该与大家分享。当家里来客人时，可有意识地让孩子帮助“招待”客人，如拿糖果、水果给大家吃或拿玩具请小客人玩等。家长还应多给孩子与同伴相处的机会，让他带着玩具和同伴交换着玩，增加其与同伴分享的经验。当孩子做出改变时，家长应给予及时的肯定和赞许。

引导孩子学会分享，家长首先要是真心乐于分享的人。在日常的小事中，父母潜移默化地将分享的概念传达给孩子，比如当孩子玩弄大人的笔记本的时候，可以对他说：“这些都是妈妈的东西，妈妈愿意和你分享。”再比如当孩子想要玩别人的玩具时，我们可以鼓励孩子问那个人：“你愿意和我分享吗？”这样的经历多了，孩子就会认识到：东西固然是属于我的，也是可以分享的。

20　婚姻素对，靖侯成规。近世嫁娶，遂有卖女纳财，买妇输绢，比量父祖，计较锱铢，责多还少，市井无异。或猥婿在门，或傲妇擅室，贪荣求利，反招羞耻，可不慎欤！

译文 男女嫁娶要找清白的人家，这是我家先祖靖侯定下的规矩。但近年来嫁女娶妻，有的人家竟是卖女儿收财物，有的人家用彩礼买媳妇，并相互攀比对方父辈和祖上的高低，只会计较财物的多少，索取得多而回报得少，这与社会上做买卖的没有两样。结果有的人弄了个猥琐下流的女婿，有的人家娶回个凶悍傲慢的媳妇，因贪慕虚荣只追求钱财，反而会招致耻辱。如此看来，嫁娶之事难道不应该慎重吗？

感悟 对于年轻的父母们来说，孩子的婚姻嫁娶似乎是遥不可及的事情。其实孩子成人之后的择偶观与家庭的教育有着很大的关系。曾经有两个男孩是很要好的朋友，长大后一个顺利找到合适的伴侣，组建了幸福的家庭；另一个则成了“花心大萝卜”，逢场作戏，游戏人生。问题就出在家庭教育上：第一个男孩小时候与母亲相处得很好，娘俩无话不谈，成人后与女性交往时，会表现得非常轻松和自信；第二个男孩从小受到母亲的溺爱，青春期时对母亲特别逆反，长大后在与女性交往时总有一种报复、游戏的心态。

所以家长们应该未雨绸缪。首先，夫妻双方的互敬互爱其实是最重要的教育方式。其次，父亲对女儿，母亲对儿子，这两种关系要处理好。得到父亲疼爱的女儿，她的女性特性会发挥得淋漓尽致。在父亲宽容的怀抱中幸福成长，有来自父亲给她的安全感，这样的女孩子是阳光、开朗的。日后她找男朋友，就会以父亲为参照，不轻易被欺骗。而得到母亲悉心照顾的儿子，日后也会懂得关心人、照顾人，并且母爱可以唤醒儿子天然的对女性的保护意识和责任感。

21　借人典籍，皆须爱护，先有缺坏，就为补治，此亦士大夫百行之一也。济阳江禄，读书未竟，虽有急速，必待卷束整齐，然后得起，故无损败，人不厌其求假焉。或有狼籍几案，分散部帙，多为童幼婢妾之所点污，风雨虫鼠之所毁伤，实为累德。吾每读圣人之书，未尝

不肃敬对之;其故纸有《五经》词义,及贤达姓名,不敢秽用也。

译文 借别人的书籍,必须要爱护有加,如果原先就有缺损的地方,应马上修补完好,这也是士大夫立身处世的行为准则之一。济阳人江禄,每当读书未读完时,即使有紧急事情要做,也要把书本收拾整齐,然后才起身离开,因此书籍从不会损坏,别人也愿意借书给他。有的人把书籍在书桌上乱丢,以致书本分散,有的被小孩妇女弄脏,有的被风雨虫鼠毁伤,这真是有损德行。我每读圣人的书时,从不敢以不严肃恭敬的态度相对;即使废旧纸上写有《五经》词义和贤达人的姓名,我也绝不敢用在污秽之处。

感悟 看一看孩子的书包和位洞,如果书籍摆放得井井有条,每一本都洁净挺拔,无折痕、无污损,这样的孩子一定拥有着良好的学习习惯和学习状态。爱书本、爱学习、爱生活,三者缺一不可。

中国自古就有“敬惜字纸”的优良传统,古代饱学之士无不是爱书成癖之人。让孩子从小养成爱惜书籍的习惯,将对孩子的终身学习和生活品位有着极大裨益和提升作用。

北宋著名史学家、文学家司马光看到儿子不爱惜书,非常生气,手把手地教他:读书前,先把书桌擦干净;读书时,要坐得端端正正;翻书页时,要动作轻柔,小心翼翼。他告诫儿子:读书人就应该好好爱护书籍。

这真不是小题大做,对书籍的爱护其实就是对文化、对知识的敬重。

1—2岁的宝宝活泼爱动,把书当做玩具,喜欢撕书、咬书、玩书,父母不必干涉强求。这一阶段是宝宝的前阅读时期和语言的萌芽期,父母的任务就是让孩子对书感兴趣,让他喜欢书,因此宝宝要怎么翻、怎么看、怎么玩，都随他。但对于一个三岁的孩子，家长就有必要采取干预措施了。因为“三岁看大”，等孩子大了以后再纠正不良习惯，就更困难了。下面有些小小的对策，家长可以灵活地采用：

一、激发孩子的童心和同情心，告诉孩子撕书，书也疼；乱画书，书也觉得难看，也会难过。

二、当书保护得好时，要给予及时的表扬和奖励，奖品最好也是书，告诉孩子爱护书籍好朋友，你的好朋友就会越来越多。

三、家庭里要培养读书的氛围，家长要多给孩子读书，让孩子认识到美妙的故事、可爱的人物都是来自神奇的书，来自神奇的文字。爱上读书的孩子自然会特别爱惜书的。

第六　风操

22　吾观《礼经》，圣人之教：箕帚匕箸，咳唾唯诺，执烛沃盥，皆有节文，亦为至矣。但既残缺，非复全书，其有所不载，及世事变改者，学达君子，自为节度，相承行之，故世号士大夫风操。而家门颇有不同，所见互称长短，然其阡陌，亦自可知。昔在江南，目能视而见之，耳能听而闻之，蓬生麻中，不劳翰墨。汝曹生于戎马之间，视听之所不晓，故聊记录，以传示子孙。

译文 我看到《礼经》上圣人有这样的教诲：其中关于如何为长辈洒扫、侍奉长辈饮食，在长辈面前如何咳嗽、应答，如何为长辈点灯、端水等日常小事，都有明文规定，可以说是极为详尽。但是此书已经残缺不全，其中也有些应该记载而没有记载的，有些内容因为世事变迁已不再适用的，博学豁达的君子，根据时代变化自己制定了一些礼法制度，并积极传承奉行，所以被世人称之为士大夫风操。虽然每个家庭的情况各有不同，彼此之间的见识也各有长短，然而他们修身养性的方式，还是可以理解的。从前在江南的时候，对于这些士大夫风操，眼睛可以看到、耳朵可以听到，就好像蓬生长在麻中，不用扶也会长直一样，不用再多费笔墨进行说教了。你们现在生长于兵荒马乱的年代，有些东西你们既看不到也听不到，所以我姑且记录下来，流传于子孙后代。

感悟 如今，所谓的家法、家规大多被冠以封建礼教受到了批判和摒弃，因为现代家庭强调的是民主平等的氛围和权利与义务的统一。这与古时候以长者为本位的家庭伦理关系是截然相反的。

现代家庭也可以有顺应时代要求的新型家法、家规。美国总统奥巴马的夫人米歇尔，给两个女儿制订了四条家规：第一，每次出门旅行，不管学校是否要求，都必须写一篇旅行报告，讲讲自己看到了什么。因为写作是帮助思考、观察的最好武器。第二，平时不许使用科技产品。奥巴马的大女儿，也只有周末才能动手机，不到周末不能看电视。第三，必须参加两种体育训练。第四，孩子们必须吃完蔬菜。如果说饱了，那就离开饭桌，不到吃饭时间不能回来。

古代名人的家规也并不完全都是陈腐不堪、不合时宜的，也有很多优秀的东西值得我们借鉴。比如清代名臣铁嘴铜牙的纪晓岚给子女规定了“四戒”和“四宜”：一戒晚起，二戒懒惰，三戒奢华，四戒骄傲。既守四戒，又须规以四宜：一宜勤读，二宜敬师，三宜爱众，四宜慎食。这“四戒”和“四宜”直到今天还是非常适用的。

名人的例子仅供参考，在这个日趋多元化的新时代，家长制定必要的家法、家规一定要尊重孩子身心发展的规律和家庭教育的客观规律。从这些规律中总结三条原则供家长参考：

一、严爱结合原则。爱要爱得真诚，爱得有度；严要严得有理，严得正确。

二、因材施教原则。家长要清楚自己孩子的特点、兴趣、爱好、习惯等，针对不同的情况进行不同的教育。

三、循序渐进原则。任何教育都是由浅入深的，都不可能一蹴而就。

家长还可以根据自己家庭的情况对这些原则进行删减整合，并在大的原则不违背的基础上灵活变通，找到适合自己的家教方式。

23 周公名子曰禽，孔子名儿曰鲤，止在其身，自可无禁。至若卫侯、魏公子、楚太子，皆名虮虱；长卿名犬子，王修名狗子，上有连及，理未为通，古之所行，今之所笑也。……如此名字，幸当避之。

译文 周公给儿子取名叫“禽”，孔子给儿子取名叫“鲤”，这类名字只限于他们儿子自身，所以没有什么禁忌。至于像卫侯、魏公子、楚太子的名字都叫做“虮虱”，汉代司马相如的名字叫“犬子”，晋朝王修的名字叫“狗子”，这样就牵连到他们的父母，在情理上是讲不通的，古时候可以这么做，现在都行不通了。……像这样的名字，还是尽量避免为好。

24 昔司马长卿慕蔺相如，故名相如，顾元叹慕蔡邕，故名雍，而后汉有朱伥字孙卿，许暹（xiān）字颜回，梁世有庾晏婴、祖孙登，连古人姓为名字，亦鄙事也。

译文 从前西汉文豪司马长卿因仰慕蔺相如，所以取名为“相如”；顾元叹倾慕蔡邕，所以取名为“雍”。而东汉朱伥字孙卿、许暹字颜回，梁代有人叫庾晏婴、祖孙登，这些人把古人的姓都当做自己的名字，可以说也是很庸俗浅陋的做法。

感悟 以上两则都提到了给孩子起名字的问题。作为家里的独苗苗，父母乃至两个家族往往都对孩子的名字寄托深深的期望。在取名时爷爷奶奶、姥姥姥爷、爸爸妈妈以及亲友往往都会“参与”一把。有的常常各执己见、互不服气，最后激化矛盾，不欢而散。有的干脆到起名馆按照所谓生辰八字、周易五行起个高价名字，却总觉得叫得拗口，显得老气横秋。有的以家长的喜好起名，想什么就取什么。比如有个父亲喜欢足球就给儿子起名叫宗梅西，结果孩子上小学时被同学起外号叫“总没戏”，给孩子无端造成很多烦恼。其实起名字不能随便也不能太过重视，名字就是一个符号，声音叫出来朗润、响亮，有一定的美好寓意，不会有歧义或不良谐音，就是一个好名字。

老舍是我国著名的文学家，按常理他给孩子起名字应该很是讲究吧。情况却恰恰相反，他起的名字如同信手拈来一般。老舍的大女儿生在济南，所以叫舒济；到了儿子，就一个“乙”字，一笔就能写完；舒雨是因为生她的时候下了很长时间的雨；舒立呢，是她的生日跟立春很近。如此的简单随性，其实这和老舍的教育思想密切相关。老舍主张自由地发展儿童的天性，维护他们的天真活泼，满足他们的正当爱好，不要对他们干预太多，不要把大人的想法强加于孩子。

还有一点需要注意的，家长们尽量不要给孩子起小名，因为小名往往倾注了家人太多的宠爱，不利于孩子将来的人格独立；若是孩子长大后，家长叫顺嘴了，也不利于孩子在同龄朋友间维护自己的尊严。

25　凡与人言，称彼祖父母、世父母、父母及长姑，皆加“尊”字，自叔父母以下，则加“贤”

字,尊卑之差也。王羲之书,称彼之母与自称己母同,不云"尊"字,今所非也。

译文 一般和别人谈话,称呼对方的祖父母、伯父母、父母和长姑时,都要加个"尊"字,从对方的叔父母以下,就要加个"贤"字,以表示尊卑有别。王羲之写信,称别人的母亲和称呼自己的母亲相同,都不在称呼前加"尊"字,现在看来这种做法不可取。

感悟 有些家长很头疼孩子见到亲朋长辈不知道招呼人。有时就算告诉孩子要喊什么,他也不理不睬,显得很没礼貌,实在让家长下不来台。我国著名的现代画家、文学家、美术和音乐教育家丰子恺也遇到过类似的困扰,他的儿子小时候在客人面前,常常显得不大懂礼貌。丰子恺通过观察发现,儿子是因为平时很少接触生人,缺少这方面的锻炼。于是,他就利用一些外出的机会,带着孩子多出去见世面。在社交的场合非常具体细致地给孩子们讲解一些待人接物的礼节和仪式,鼓励他主动跟人打招呼,主动与人交流。

所以家长一定要分清楚孩子不爱招呼人的原因,再有的放矢地去解决。有的孩子是内向害羞,家长就不要勉强他去做他暂时做不到的事,不要当着客人的面责怪孩子,而是要在没有外人的时候多和孩子交流,多以鼓励的方式引导孩子去改变。同时也要尽量避免一群人围着孩子,这样会让孩子不知所措;有的孩子是没有养成习惯,或是意识不到,家长可以对他讲不打招呼造成的影响,慢慢培养他的礼貌意识。当然最重要的还是家长自身的做法,遇到熟人,家长要先主动热情地与对方打招呼,并向对方介绍自己的孩子,让孩子自己意识到主动热情地对待别人,也会受到对方的热情对待和尊重。

26　南人冬至岁首，不诣丧家，若不修书，则过节束带以申慰。北人至岁之日，重行吊礼，礼无明文，则吾不取。南人宾至不迎，相见捧手而不揖，送客下席而已；北人迎送并至门，相见则揖，皆古之道也，吾善其迎揖。

译文 南方人在冬至、岁首这两个节日里，不到有丧事的亲友家去吊唁，若没有写信致哀，就会在这两个节日过后再穿戴整齐去慰问。北方人在冬至、岁首这两个节日里，特别重视吊唁活动，这种做法没有明文记载，所以我并不赞同。南方人家里来了客人并不去迎接，见面时也只是拱手而不作揖行礼，送客时只要送下座位也就可以了；北方人迎接、欢送客人都要到门口，相见时也要拱手作揖行礼，这种做法颇具古代遗风，我认可迎送作揖行礼的做法。

感悟 现在有些国学启蒙班让孩子穿汉服戴峨冠，相互作揖行礼，家长孩子都感觉特有意思。这对培养孩子的文化认同感和对知识文化的敬重感还是很有帮助的。现当代社会通行的礼节方式是握手和拥抱。对于孩子来说，拥抱尤为重要。拥抱能让烦躁中的宝贝安静下来，减缓压力，保持探究环境的兴趣。拥抱还有利于缓解宝宝的沮丧情绪，提升免疫系统的效率。

爸爸抱着宝宝，用胡子轻轻扎扎他的小脸，把他举得高高的，或者让他在脖子上“骑马”，会让孩子感觉到爸爸的坚强有力，从而增加他的安全感；而妈妈抱着宝宝，给他讲故事，等他瞌睡的时候给他唱摇篮曲等，会让他感觉到妈妈的温柔可亲。

很多家庭都是随着孩子的长大，拥抱的次数逐渐减少。很多孩子在成长过程中都会有“皮肤饥饿症”，渴望来自父母的拥抱。有个女儿想去拥抱爸爸，爸爸一把推开训她，“这么大了，不害臊”。女儿受到打击，和父亲就逐渐疏远了。其实，孩子无论长多大，都需要家长的拥抱，孩子的“皮肤饥饿”得到满足后，对家长的黏糊会自动消失，但对父母的信赖、尊重却会与日俱增。

27　凡亲属名称，皆须粉墨，不可滥也。无风教者，其父已孤，呼外祖父母与祖父母同，使人为其不喜闻也。……河北士人，皆呼外祖父母为家公家母，江南田里间亦言之。以家代外，非吾所识。

译文 凡是自家亲属的称谓，都必须经过修饰，不可滥称。有些没有教养的人，在祖父母去世后，称呼外祖父母竟然与祖父母一样，让人听着很不舒服。……黄河北的士大夫，都把外祖父母称为“家公”、“家母”，江南乡下也是这种叫法。用“家”来代替“外”，这我就搞不懂了。

感悟 按照中国古代礼法，亲属分为三个系统——父族、母族、妻族。父族是血统关系，母族是血缘关系，妻族是姻缘关系。在古代宗法社会最推崇的当然是父族关系，外姓的母族和妻族自然要往后排。

现在很多小家庭，夫妻都是独生子女，当妈妈的有时会心理不平衡，凭什么孩子不能跟我的姓啊。外爷爷、外奶奶也总想把这个“外”字去掉，常常与爷爷奶奶展开争夺大战。这家过几天，那家过几天。两家生活习惯、教育观念的不同常常让孩子无所适从。过高的关注、过浓的爱是不利于孩子成长的，因为孩子不是亲人们可以争夺的私产，他终究要走出亲人的庇护，独立地开创自己的人生。所以家长们一定要统一教育思想——一切要围绕他能养成良好的生活、学习习惯和独立的生存发展能力。还要让孩子感受到大家庭里每一个成员因为彼此尊重而洋溢的亲情和温暖，而不是互相间的分歧和矛盾。

从著名哲学家黑格尔的成长经历就能看出大家庭里每一位成员相同的处事方式、统一的教育思想对一个人的巨大影响。黑格尔出生在一个几代人都以绅士自居的大家庭，大家庭的每一个成员都以他们这个阶层独有的行为方式生活着。黑格尔的长辈们从不盼望他会成为什么了不起的人物，只是期望他受到良好的教育，成为一个有知识、有身份的人，拥有绅士阶层应该有的风度和气质。他们对他进行严格系统的学习训练，每个家庭成员都为这个目标努力，形成强大的合力，让黑格尔从小就培养起了浓厚的学习兴趣和独立思考的习惯。这为他以后在思想哲学领域的伟大建树打下了坚实的基础。

28　古者，名以正体，字以表德，名终则讳之，字乃可以为孙氏。孔子弟子记事者，皆称仲尼；吕后微时，尝字高祖为季；至汉爰种，字其叔父曰丝；王丹与侯霸子语，字霸为君房。

译文 古时候，“名”用来表示自身，“字”用来表示德行，“名”在人死后应该避讳，“字”却可以作为孙辈的氏。孔子的弟子记事时，都称孔子为“仲尼”；吕后在贫贱时，曾称呼汉高祖刘邦的字叫他“季”；至汉代爰种，称他叔父的字叫“丝”；王丹和侯霸的儿子谈话时，称呼侯霸的字叫“君房”。

感悟 现代社会这类讲究已经很少见到了，但父母长辈如何称呼自己的孩子还是要有所讲究的。在孩子有了独立意识之后，家长最好在一些场合喊他的大名和全名。但是由昵称改称学名要注意时机，比如在孩子开始上幼儿园、上小学的时候。因为这些都是孩子人生的转折点，孩子将面对新的环境和朋友，称呼的改变可以帮助孩子增加勇气和信心。

在家中称呼孩子的昵称是一种情感的体现，可以延续下去，甚至上了中学也可以称呼；在一些公共场合，家长们则应该随着孩子的成长称呼其学名。在外给孩子应有的尊重，表明已经把他当做大人看待，要求他开始肩负起家庭的责任，有助于减少孩子对父母的依赖；在家体现亲子关系的密切，感受家庭的爱。这二者并无冲突。

29　北朝顿丘李构，母刘氏，夫人亡后，所住之堂，终身锁闭，弗忍开入也。夫人，宋广州刺史纂之孙女，故构犹染江南风教。其父奖，为扬州刺史，镇寿春，遇害。构尝与王松年、祖孝徵数人同集谈宴。孝徵善画，遇有纸笔，图写为人。顷之，因割鹿尾，戏截画人以示构，而无他意。构怆然动色，便起就马而去。举坐惊骇，莫测其情。祖君寻悟，方深反侧，当时罕有能感此者。

译文 北朝顿丘人李构，母亲刘氏夫人去世后，她住过的房间，就被李构锁起来了，从此不再打开，他不忍心再进母亲住过的房间。刘氏夫人是南朝宋代广州刺史刘纂的孙女，所以李构也受到江南风气的影响。李构的父亲李奖担任过扬州刺史，在镇守寿春时被人杀害。李构曾与王松年、祖孝徵等几个人饮酒聚会。祖孝徵善于绘画，正好身边又有纸笔，刷刷点点画了一幅人像。过了一小会儿，他又在宴席上割了鹿尾，并把人像也截成几小段给李构看，他也只是开玩笑并无恶意。李构却触景生情想起自己被杀的父亲而脸色悲哀，立刻起身骑马离开了。在座的宾客无不惊慌失措，但是没人想到其中的原因。祖孝徵随即就明白是怎么回事了，便深感惭愧，内心十分不安，而当时却很少有人能感觉到这一点。

30 《礼》云："忌日不乐。"正以感慕罔极，恻怆无聊，故不接外宾，不理众务耳。必能悲惨自居，何限于深藏也？世人或端坐奥室，不妨言笑，盛营甘美，厚供斋食；迫有急卒，密戚至交，尽无相见之理：盖不知礼意乎！

译文 《礼经》说："忌日不得作乐。"因为这一天对父母有说不尽的伤感与思慕之情，子女应万分悲苦，所以这个日子才不接待宾客，不料理日常事务。但是试想一下，若真心感到悲痛，又何必非要把自己关起来不见人呢？其实有的人在父母的忌日里，虽然端坐在深宅之中，但是并不妨碍他们谈笑风生，花天酒地，纸醉金迷，即使遇到紧迫的事情，亲友也没有和他相见的机会：像这种人大概并不懂得礼法的真意吧！

感悟 这两则都涉及到了“死亡”的问题。没有哪位父母想让孩子承受失去亲人的痛苦，可当突然的变故来临时，家长们该如何帮助天真的孩子面对这一切呢？很多父母会说善意的谎言，例如，“出差了”、“出国了”等等。其实隐瞒会让孩子觉得某个人死亡时，哭泣或悲伤是不好的。我们应该告诉孩子真相，对孩子隐瞒得越久，对他们的心理就越不利。台湾高雄师大教授、教育学博士张淑美，多年来从事幼儿死亡教育研究。她在《儿童生死教育之理念与实施》一文中指出，儿童在 4 岁左右就会产生死亡的概念，如果无法得到父母或老师的正确引导，容易对死亡产生错误认知，进而产生负面情绪，影响一生。因此对幼儿进行生命教育是十分必要的。

美国的大多数中小学校都开设了死亡教育的课程。在课堂上，殡葬行业从业人员，或做过临终关怀的护士会跟孩子们认真地讨论人死时会发生什么事。孩子们还在家长或老师的带领下，到郊外专为绝症患者提供善终服务的福利院，把花瓣轻轻撒向临终者的床榻，微笑着目送他告别人世。我们国家在这方面还有许多空白。作为家长，可以根据孩子的年龄特点做出不同的处理：

三岁以上的孩子，可以用植物花草来打比方，生命也像花草一样，春天萌发，夏天茁壮，秋冬凋零，让他们知道自然规律是不可逆转的。应尽量避免恐怖的语句和神色，最好用温柔的语调、简单的词语让孩子慢慢懂得死亡的意义，减少恐怖心理的发生。鼓励孩子描述自己的感受和焦虑，引导他们正确对待生死，让他们知道自己快乐健康地生活就是对逝去的亲人的最好告慰。

31　江南风俗，儿生一期，为制新衣，盥浴装饰，男则用弓矢纸笔，女则刀尺针缕，并加饮食之物，及珍宝服玩，置之儿前，观其发意所取，以验贪廉愚智，名之为试儿。

译文 江南人有这样的风俗，孩子出生满周岁的时候，要给他们缝制新衣，为他们洗浴打扮，男孩就准备弓、箭、纸、笔，女孩就准备刀、尺、针、线，再加上一些饮食、珍宝和衣服玩具，放在孩子的面前，看他们想拿什么东西，用来测试孩子是贪婪还是廉洁，是愚蠢还是聪智。这种做法叫做“试儿”，也被称为“抓周”。

感悟 “抓周”古已有之，是一种预测前途和性情的仪式，其实这仅仅反映了家长的美好祝愿罢了。家长们津津乐道的是钱锺书先生周岁抓周时，抓了一本书，其父便为他正式取名为“锺书”，后来先生成为中国的著名学者兼作家。这只是机缘巧合而已，但很多家长们常常把自己心仪已久而无法实现的职业梦寄托在孩子身上，自然希望孩子抓到相应的物品。抓到了，全家欢喜；没抓到，心里会稍稍不愉快。也有性急的家长强行引导孩子去接触他并不感兴趣的东西，弄得孩子大哭，家长憋屈。孩子可不是家长的私人物品，将来的道路，只能由孩子自己来做主。所以对于抓周，把它当做一个比较好玩、有点纪念意义的周岁仪式就好了。

32　四海之人，结为兄弟，亦何容易。必有志均义敌，令终如始者，方可议之。一尔之后，命子拜伏，呼为丈人，申父友之敬；身事彼亲，亦宜加礼。比见北人，甚轻此节，行路相逢，便定昆季，望年观貌，不择是非，至有结父为兄，托子为弟者。

译文 五湖四海之人，结拜为异姓兄弟，是很不容易的事。首先一定要选择志同道合、意气相投，对朋友能够做到始终如一的人,才可以考虑这么做。一旦与人结拜为兄弟,就要让自己的孩子伏地叩拜,称呼对方为“丈人”,以此表达孩子对父亲朋友的尊敬。自己对待结拜兄弟的父母,也应该礼敬有加。近年来看到一些北方人,对待结拜之事非常轻率,两个人萍水相逢,便可以结拜为兄弟,甚至有的只看年龄和相貌,并不考虑合不合适,以至有的和父辈、子侄辈的人结为兄弟。

感悟 家长们的交友行为通常会影响到孩子的交友观。所以家长要慎重选择孩子介入自己的朋友圈的范围和程度,多让那些有健康生活习惯、与自己志同道合的朋友与孩子接触,让孩子感受到真正纯洁的友谊所带给一个人的快乐和幸福。家长尤其应该避免让孩子参加出于私利而进行的家庭之间的交往,例如为了自己职务上的晋升而与上司家庭间举行的聚会。在那种场合,家长的目的在于增进与对方的感情,这样就会自觉不自觉地不顾及孩子的感受。比如当孩子与上司的孩子在玩耍中产生矛盾时,家长会不分对错地呵斥自己的孩子。孩子的内心是十分敏感的,他会对判若两人的家长疑惑不解,从而对人际交往产生厌烦或恐惧。

有些爸妈喜欢给孩子认干爹干妈,如果两家之间是至亲好友,为了增进感情这样做本无可厚非。但家长一定要对对方的人品性格、嗜好脾气等等有充分的了解。曾经有一个女孩的爸爸为了职位的升迁,说服自己的女儿给他的老总当干女儿。结果那个老总后来欺负了他的女儿，这个女孩的爸爸才幡然醒悟，愤然辞职，陪同老婆及女儿将老总送上法庭。所以家长为孩子认干爹干妈一定要慎之又慎。而且干亲最好是在脾性、爱好上与自己能够互为补充。比如父母是急脾气，干亲是慢性子，就会对孩子性格成长形成有益的平衡作用；父母擅长文艺，干亲如果强于理科，那对孩子的全面发展还是有一定益处的。当然这不是绝对的，孩子的成长主要还是靠自己父母的教育和影响。

第七　慕贤

33　人在年少，神情未定，所与款狎，熏渍陶染，言笑举动，无心于学，潜移暗化，自然似之，何况操履艺能，较明易习者也？是以与善人居，如入芝兰之室，久而自芳也；与恶人居，如入鲍鱼之肆，久而自臭也。墨子悲于染丝，是之谓矣。君子必慎交游焉。孔子曰："无友不如己者。"颜、闵之徒，何可世得！但优于我，便足贵之。

译文 人在年少时候，精神性情还未定型，与朋友伙伴亲密相处，相互之间熏陶感染，日常生活中的一言一笑、一举一动，虽然没有刻意去向朋友学习，但潜移默化，自然而然地就与朋友相似了，又何况操守德行和技艺才能这些明显而容易学习的东西呢？所以说：与品德高尚的人相处，就好像进入满是香草兰花的屋子，时间久了自己也变得芬芳高雅；与品德低劣的人相处，就好像进入咸鱼铺子，时间久了也变得腥臭低俗。墨子看到白丝被染色，人易受环境所熏染就悲叹，说的就是这个道理。因此，君子交友一定要慎之又慎。孔子说："不要和不如自己的人交朋友。”像颜回、闵子骞这类的圣贤，哪能世代都有啊！只要是比自己优秀的，就难能可贵了！

感悟 “少跟调皮的坏孩子一起玩啊，多和谁谁谁一起，向人家学着点。”不少家长爱在孩子上学前这样不厌其烦地叮嘱。对于成年人来说，多交品德高尚、志趣高雅的朋友确实可以提升自我。因此家长们总担心孩子会跟一些成绩不好、调皮捣蛋的孩子交朋友，担心所谓的“近朱者赤，近墨者黑”。但是，我们也应该静下心来想一想：难道那些学习成绩不是很好，比较调皮的孩子都是所谓的“坏孩子”吗？

调皮、爱玩是每位孩子的天性，特别是男孩子更是如此，这并不能代表这样的孩子就不能成为一个“合格”的朋友。每一个人都有自己的优缺点，孩子也是这样。成绩好的孩子有其勤奋努力的一面，但是一些成绩不好的学生身上往往也有着正直、诚信、见多识广的优点。

宋代大文豪苏轼一生交际很广，朋友遍布天下。他的朋友中既有一代明贤、当世大儒，还包括宦海沉浮的仕途人，渔樵耕读、自得其乐的乡贤布衣，甚至富甲一方的巨商，由佛及道、三教九流，不分贵贱，相投便为朋友。苏轼总能吸引着一批有共同节操和雅好的朋友，不因世态炎凉而见风使舵，而且他还善于吸取每位朋友身上的优点，来滋养自己的精神世界，最终成就了自己在文坛上的崇高地位。

所以关于交友，我们应该抽出一定的时间多与孩子沟通，聆听他们的心声和想法，给予孩子更多的理解与肯定，尊重孩子做出的在他看来正确的判断，引导孩子学会发现朋友身上的优点，并向其学习。大人们不能简单地干涉孩子交友，这不但不能阻止他的行为，反而更容易让孩子产生逆反和抵触心理，这对家长后期的教育具有负面影响。

34 世人多蔽，贵耳贱目，重遥轻近。少长周旋，如有贤哲，每相狎侮，不加礼敬。他乡异县，微藉风声，延颈企踵，甚于饥渴。校其长短，核其精粗，或彼不能如此矣。

译文 世上的人大多有看重传闻而轻视亲眼所见的东西，看重远处的事情而轻视近处的事物的毛病。从小到大经常交往的人之中，可能就有贤士哲人，我们也难免慢待他们，不能以礼相待。而对于那些身在异乡远方的人，只要他们稍微有些名声，人们就会伸长脖子、踮起脚跟，如饥似渴地想见识见识。其实只要认真比较一下二者的优劣长短，细细审察一下二者的好坏精粗，很可能会发现远处的还不如身边的好。

感悟 “从小就有个宿敌，叫别人家的孩子，他脾气很好，天天就知道读书，长得又帅，每次考试考年级第一”。很多“70后”、“80后”父母肯定还对这个“别人家的孩子”心有余悸吧。这个“别人家的孩子”在父母的口中总是那么完美，可能父母的本意是让自己的孩子知耻而后勇，但实际效果往往是别人家的孩子让自己的孩子知不足，而不敢前进了。当自己最亲近的人也觉得别人家的孩子比自己好的时候，孩子的自信和自尊可能会受到永久的伤害。

现代最伟大的物理学家爱因斯坦，小时候并未显示出过人的天赋，甚至有些平庸。幸亏他的父亲没有失去信心，总是想方设法地鼓励他，并且敏锐地发现爱因斯坦的思维与大部分孩子不同。父亲的鼓励和慧眼，激发了爱因斯坦智力上的巨大潜能。

英国有一个小男孩，从小长相憨呆，行为笨拙，是同学们捉弄的对象，老师也对他失去了信心。但他的父母却不这样看，他们发现了儿子身上独特的表演天赋，并请人进行系统的培养。若干年后，小男孩成了风靡全球的憨豆先生。

所以，聪明的家长从不把孩子与别的孩子作比较，从不拿自己孩子的缺点和别人孩子的优点比。要学会欣赏孩子的长处，接纳孩子的短处。如果要比较的话，就用孩子的今天与昨天比，努力发现孩子身上的一点一滴的进步，给他们发自内心的欣赏，这样，孩子才能悦纳自己，充满自信地去面对困难。

35　用其言，弃其身，古人所耻。凡有一言一行，取于人者，皆显称之，不可窃人之美，以为己力；虽轻虽贱者，必归功焉。窃人之财，刑辟之所处；窃人之美，鬼神之所责。

译文 采用了别人的意见，却把这个人抛在一边，古人认为这样做是很可耻的。其中一个建议、一件事情，只要得到别人的帮助，都应该大力赞扬他，决不能窃取别人的功劳占为己有；即便对方是地位低下的人，也应该将功劳记在他的名下。偷他人的钱财，要受到刑罚的制裁；窃取他人的劳动成果，则会遭到上天的惩罚。

感悟 受人滴水之恩，必当涌泉相报，如何教会孩子对别人的帮助心怀感恩呢？家长抱着孩子挤上公交车，有人主动让位，家长不要忙着说感谢，要先引导孩子说谢谢。要让孩子明白别人的让座不是天经地义的，是对方做出了无私的贡献才换来了你的方便。每当孩子在幼儿园或学校取得进步或改变时，要引导孩子认识到光靠自己是无法取得成功的，老师的无私教诲是那么的不可或缺和弥足珍贵。懂得感恩，懂得尊重别人的孩子是快乐的、有爱心的。这样的人能赢得别人的喜欢，得到更多人的帮助，从而更容易获得成功。

美国一所小学的一位小女生，周末的时候，从学校里带回一个玩具婴儿，这就是她的家庭作业——当一天“妈妈”。这是一个模拟婴儿，通过电脑芯片控制，使它像真婴儿一样会吃奶、尿床、哭闹。小女生被整整折腾了一天，累得她腰酸腿疼，筋疲力尽。晚上，她对她妈妈说：“妈妈，现在我才体会到养育一个婴儿有多难。妈妈，谢谢您！”这样的玩具也许不好找，但有些学校让孩子在一天的时间里呵护一个生鸡蛋，要一直带在身上不能磕碰，也有相同的教育效果。

懂得感恩的孩子就知道宽容，一所小学，有两个学生因为抢一样东西闹了矛盾，其中一个学生被打了几巴掌，大哭起来。班主任见状立即推迟了上课，对全班学生说：“知识晚学一会儿没有什么，但是我们现在更应懂得：我们不能为了争夺东西而伤害朋友，能相聚一起是一种缘分，要懂得感恩这种相聚的幸福，要爱朋友而不是要伤害他们！”然后老师带着那位打人的学生向对方道歉，鼓励两人握手言和。的确，知识对孩子不是最重要的，最重要的是培养他们的品德操守，建立正确的价值观，那就是——宽容、忍让、关怀弱小、懂得感恩。

36　梁孝元前在荆州，有丁觇者，洪亭民耳，颇善属文，殊工草隶，孝元书记，一皆使之。军府轻贱，多未之重，耻令子弟以为楷法，时云："丁君十纸，不敌王褒数字。"吾雅爱其手迹，常所宝持。孝元尝遣典签惠编送文章示萧祭酒，祭酒问云："君王比赐书翰，及写诗笔，殊为佳手，姓名为谁？那得都无声问？"编以实答。子云叹曰："此人后生无比，遂不为世所称，亦是奇事。"于是闻者稍复刮目。稍仕至尚书仪曹郎，末为晋安王侍读，随王东下。及西台陷殁，简牍湮散，丁亦寻卒于扬州。前所轻者，后思一纸，不可得矣。

译文 梁元帝从前在荆州时，有个叫丁觇的人，是洪亭的普通百姓，但是他很善于写文章，而且书法极佳，尤其擅长写草书和隶书，梁元帝的公文、书信，都叫他书写。可是军府里的人因为他的出身低贱而轻视他，也不愿自己的孩子临摹他的书法，当时流行"丁君写的十张纸，比不上王褒几个字"的说法。我却非常喜爱丁觇的书法，自己也珍藏了不少。有一次，梁元帝派一位叫惠编的典签送文章给祭酒官萧子云看，萧子云问惠编："君王最近写给我的书信，还有所录的诗歌文章书法极佳,代笔的人肯定是位书法高手,此人姓什么叫什么,怎么会毫无名声?”惠编如实回答,萧子云叹道:“此人在年轻人中没有谁能比得上,却不为世人称道,也算是怪事一桩!”从此以后,听到这话的人对丁觇的态度稍稍有所转变,开始对他刮目相看,丁觇也逐步做上尚书仪曹郎。最后丁觇做了晋安王的侍读,随王东下。到梁元帝被杀、西台陷落,那些书信文件也随之散失埋没了,丁觇不久也死于扬州。以前那轻视丁觇书法的人,以后想要丁觇的片纸书法也不可能了。

感悟 要引导孩子善于发现与他接触的每个人的优点。小孩子常常会在幼儿园或小学里与同学闹矛盾,有时回到家还气鼓鼓地发誓再也不理他了。家长不要急着去问事情的来龙去脉或是判断谁对谁错,可以等到他情绪缓和了,鼓励孩子试着找出这个令他讨厌的小朋友身上的几个优点,找着找着,这个小朋友似乎就没那么讨厌了,原来他也曾给自己带来了许多快乐啊。这时家长再告诉孩子每个人身上都是优缺点并存的,要学会宽容地看待对方,遇事多想想自己的原因,你的朋友就会越来越多。

孩子年龄大一些了,要渐渐让他学会尊重别人。曾经有一位美国富商遇到一个摆摊卖旧书的落魄的年轻人。富商心生怜悯,拿出几美元硬塞到年轻人的手中,转头就走。走了没多远,他忽然想起了什么,折回来从他的摊位上挑选了两本旧书,并告诉他这不是施舍,而是购买,他们两个人职业相同,都是商人。几年后,在一次商业高端酒会上,一位西装革履、气宇轩昂的年轻人走过来,充满感激地说:“先生,我永远也不会忘记您。您在我最穷困潦倒的时候,没有对我施舍,而是对我说,我们都是商人……”

两年前的一句话竟能使一个极度自卑的人树立了自信,找回了自己存在的价值,这就是尊重的力量。

一个人只有懂得尊重别人,才能赢得别人真正的尊重。

尊重别人必须铭记孔子的“三人行必有我师”。每个人都有自己的优点，任何人的身上都有我们可以学习的东西。只有用这种心态，才能从心底里尊重别人，才能在语言和行动上体现出来。

第八　勉学

37　士大夫子弟，数岁已上，莫不被教，多者或至《礼》、《传》，少者不失《诗》、《论》。及至冠婚，体性稍定，因此天机，倍须训诱。有志尚者，遂能磨砺，以就素业；无履立者，自兹堕慢，便为凡人。

译文 士大夫家的孩子，到一定的岁数，都要接受教育，学的多者可以读到《礼记》、《左传》，学的少的起码也能读到《诗经》、《论语》。人到成年适婚年纪，体格性情基本稳定，这时天资最佳，更应该接受教育引导。那些心存远大志向的人，经过磨练，就能成就一番事业；而那些没有毅力的人，就会懒惰怠慢，最终碌碌无为变成无用之人。

感悟 每个家长对孩子的早期教育都是无比重视的。很多家长让孩子在幼儿园阶段超前学习小学内容，这真是一个大大的误区。这样的孩子也许会在小学的最初几个月较有优势，但随着时间的推移，优势会渐渐消失，反而会出现后劲不足、兴趣不浓的问题。“不要让孩子输在起跑线上”这句话让多少家长带上沉重的枷锁，让多少孩子背上本不该他承受的负担。孩子的一生是长跑而不是短跑，在起跑线上用力过猛，发力过早，只会让孩子早早体力透支。当孩子没有一定的生活阅历时，给其灌输与他年龄不相符的知识，孩子对知识的领悟就不会深刻，不但没有共鸣，甚至还会厌恶。衡量教育是否成功，不是看他认了多少字，会做什么样的数学运算，而是要看孩子对所学东西的兴趣越来越大还是越来越小。

著名数学家陈景润的教子理念是：民主对待儿子，使孩子自由成长，激发孩子学习探究的兴趣，鼓励他有自己个性化的思维。儿子把玩具拆得七零八落，陈景润从中看到了儿子强烈的好奇心和求知欲。他用理解和鼓励赢得了孩子的信任，成为了儿子的朋友。陈景润认为，教育培养孩子，要因人而异，不同环境、不同性格，教育的方式方法也要不同，但有一点是相通的，那就是用民主、宽松、鼓励的方式激发孩子主动学习探究的兴趣，这正是这位举世闻名的数学家的过人之处。

38　人生在世，会当有业：农民则计量耕稼，商贾则讨论货贿，工巧则致精器用，伎艺则沉思法术，武夫则惯习弓马，文士则讲议经书。多见士大夫耻涉农商，羞务工伎，射则不能穿札，笔则才记姓名，饱食醉酒，忽忽无事，以此销日，以此终年。或因家世余绪，得一阶半级，便自为足，全忘修学。及有吉凶大事，议论得失，蒙然张口，如坐云雾。公私宴集，谈古赋诗，塞默低头，欠伸而已。有识旁观，代其入地。何惜数年勤学，长受一生愧辱哉！

译文 人生在世，为了生存都要从事不同的职业：作为农民就要用心于庄稼耕种，作为商人就要致力于买卖兴隆，作为工匠就要精通器物的制造，所以有技艺的人就要不断完善自己的技术、方法，士兵则要熟练骑马射箭，文人则要讨论经典。但是我经常见到一些士大夫既以务农行商为耻，也不学习任何技艺，让他们习武射箭，连铠甲的金属片都不能射穿，提笔作文也只能写出自己的名字，就这样饱食终日，无所事事，消磨时日，终了一生。有的人可能因为祖先的功绩，捞得一官半职，便心满意足，把学业抛到脑后。一旦碰到有关祸福吉凶的大事，或与人讨论利弊得失，他便会头脑发蒙，张口结舌，就像坠入迷雾之中；在公共会议或私人宴会上，众人都能谈古论今，吟诗作赋，他却只能低头不语，打打哈欠、伸伸懒腰。有见识的人看到他这样，实在替他感到羞愧，恨不能钻地缝。这些人为什么就不能勤奋学习几年，而非要一辈子让人看不起！

感悟 有些爸爸妈妈爱在家里抱怨工作的辛苦、没有价值，把自己的职业倦怠当做苦水一股脑地倒给家人。这样能够很好地缓解压力，但如果孩子也在旁边，就显得不恰当了。孩子在家长身上看不到职业所带来的幸福和快乐，会在潜意识里产生职业恐惧。家长要多给孩子传达职业生涯中因成功而带来的满足感和自豪感，让孩子觉得，工作中的爸爸妈妈是美丽的，有活力的。

父母可以带孩子参加一些有较高学术档次的活动，不求他理解，只为一种气氛的熏陶和审美上的引领。著名翻译家傅雷的家中时常高朋满座，客人中大多是社会贤达，谈吐风雅，学识渊博，他们聚在一起谈人生、论哲理、交流创作感受。一开始傅雷不让孩子参与，怕他们打扰大人。后来有一次他发现两个孩子正偷听他们谈话，听得全神贯注。傅雷突然意识到，让孩子参与进来还是有很多好处的——可以让孩子早一点接触人生，感受社会，在艺术上受到启蒙，促使孩子早慧，学到在书本上学不到的东西。

我们家长们可以定期带孩子到艺术馆、音乐厅、大学里参加有一定水准的艺术沙龙、学术活动，回到家要跟孩子交流一下感受，不要问他听懂了什么，而是从他的角度问一问哪个叔叔风趣，哪个阿姨有亲和力，让孩子认识到渊博的知识、优雅的谈吐，能让一个人充满魅力，让周围的人越来越喜欢他。

39　梁朝全盛之时，贵游子弟，多无学术，至于谚云："上车不落则著作，体中何如则秘书。"……明经求第，则顾人答策；三九公宴，则假手赋诗。当尔之时，亦快士也。及离乱之后，朝市迁革，铨衡选举，非复曩（nǎng）者之亲；当路秉权，不见昔时之党。求诸身而无所得，施之世而无所用。……自荒乱已来，诸见俘虏。虽百世小人，知读《论语》、《孝经》者，尚为人师；虽千载冠冕，不晓书记者，莫不耕田养马。以此观之，安可不自勉耶？

译文 南朝梁代鼎盛时期，贵族子弟，大多不学无术，以至有谚语说:“上车不掉下来的人就可以当著作郎,会写问候语的人就可以当秘书郎。”……而一旦到了明经考试求取功名时,他们就要雇人代考;参加三公九卿的宴会,就要请人作诗应对。在当时,他们也称得上是快活潇洒的人了。到了国家经过战乱之后,朝廷发生了变化,选拔人才的官员,不再是从前的亲属;当前掌权的人之中也看不到以往的同伙。这时再看,这些贵族子弟想靠自己的能力求生却已回天无力,想为社会作贡献却又身无一技之长。……自从战争离乱以来,在俘虏中经常可以看到:即使世代都是平民百姓家的人,只要懂得《论语》、《孝经》,还可以做私塾老师;而那些世代官宦出身的人,只要不会读书写字,无不从事种地养马之类的粗活。这样看来,怎么能不自我勉励、勤奋学习呢?

感悟 报纸上经常曝光一些富二代,小小年纪不学无术,只知道物质享受,空虚到把炫富当成人生最大的乐趣。这其实是做父母的最大失败,以爱的名义坑害了孩子的一生,却往往执迷不悟。财产总有坐吃山空的时候,真才实学才是一个人的立身之本。那富裕家庭的父母该怎么教育子女呢?

曾经有一对夫妇,信奉“穷人的孩子早当家”,为让孩子在清贫艰苦的环境中成长,隐瞒富翁身份十几年,真可谓用心良苦。可当孩子终于知道真相后,感觉受到欺骗,严重伤害了与父母间的感情。这种隐瞒的方法并不可取,常常会适得其反。

教育孩子节俭要有具体的措施:曾任两江总督、直隶总督的曾国藩可谓位高权重,他在京城时见到不少“高干子弟”奢侈腐化,挥霍无度,胸无点墨,且目中无人。因此,他不让自己的孩子住在北京、长沙等繁华的城市,而要他们住在老家,并告诫他(她)们:饭菜不能过分丰盛;衣服不能过分华丽;门外不准挂“相府”、“侯府”的匾;出门要轻车简从;考试前后不能拜访考官,不能给考官写信等等。

教育孩子节俭要淡化孩子物质上的欲望：美国石油寡头洛克菲勒，在他的庄园里，孩子们穿着普通衣服，玩着自做的简陋玩具，零花钱也少得可怜。通过这种平民化的生活，石油大亨让子女认识到每一分钱都来之不易。

每个人都想过着富裕的生活。富裕家庭确实有条件为子女提供更加优越的教育环境，但一定要注意培养子女的节俭习惯，零花钱不是多多益善，而要让孩子付出劳动才能得到奖励，固定时间里有固定的金额，提前花完的话，家长也爱莫能助，从而使孩子树立正确的"金钱观"。并且告诉他们财富不是天上掉下来的，要靠自己的努力去获得。

工薪阶层家庭的孩子也需要有正确的"金钱观"。培养节俭品质的最好方式是学习理财，例如家长可以为孩子设立一个专门的教育金账户。这样，在家庭的日常支出之外，可以给孩子预留下一笔充足的学费与发展金费。家庭储蓄对孩子的教育非常重要，也就是说无论家里的经济状况如何变化，只要孩子愿意读书，至少能保证他得到应有的基础教育，有条件习得一技之长。曾国藩先生常常教育自己的后代要读书明理，勤俭自持。现在的家长们教育孩子养成储蓄的习惯，既可以使孩子学会善用零花钱，又可以让他们明白父母持家的辛苦，何乐而不为呢！

40　夫明《六经》之指，涉百家之书，纵不能增益德行，敦厉风俗，犹为一艺，得以自资。父兄不可常依，乡国不可常保，一旦流离，无人庇荫，当自求诸身耳。谚曰："积财千万，不如薄伎在身。"伎之易习而可贵者，无过读书也。世人不问愚智，皆欲识人之多，见事之广，而不肯读书，是犹求饱而懒营馔，欲暖而惰裁衣也。

译文 精通《六经》旨趣，广泛涉猎诸子百家作品的人，即使不能增强自身道德品行，移风易俗，仍可以称得上身怀一技之长，并可借此受用一生。父亲兄长不能长期依靠，故乡国家也不能永远安定，一旦流离失所，没有他人的保护，就得靠自己了。俗话说："家财万贯，不如身怀一技。"容易学习而难能可贵的技艺，首推读书。无论是愚笨的人还是聪明的人，都想认识更多的人，见识更多的事，但若不肯读书，这就好比想要吃饱却懒得做饭菜，想要穿暖却懒得做衣服一样。

感悟 从小培养孩子的阅读习惯是非常重要的，喜爱读书的孩子更爱动脑思考问题，相对来说情绪更为稳定，个性较为冷静，能自我约束，知识面宽广。那怎样才能让孩子养成爱读书的习惯呢？

第一，要营造良好的阅读环境和氛围。要想孩子爱上读书，父母首先要对书也产生兴趣。要让家中的书无处不在，让读书成为家里成员的主要休闲活动。有时使用不动声色的引导方式，效果反而会更好。有一位儿童文学作家，她引导女儿多读书从不采取说教强迫的方式，在女儿触手可及的地方随意地放一些孩子感兴趣的书，由她翻阅摆弄。她还随时把那些女儿忘了看或没注意到的书从一堆书中翻出来，放到醒目的地方。这种看似漫不经心的举动，培养了女儿对书的热爱，没过多久，女儿就开始主动自觉地找书去看了。

第二，选择适合孩子的书籍。选择的标准不在于是否有教育意义，而要有一定的文学性和思想价值，要符合孩子的兴趣和生活经验。

有两类书籍对孩子帮助很大：一是预测性图书。预测性图书是指有重复的语句、反复性情节的图书，这种书通常大人为孩子读几遍之后，孩子就能看着书中的插图独立复述故事了。二是概念书。概念书是描述一件、一类物品或一种抽象观念的图书，它能帮助孩子理解一些抽象概念，丰富他们对于世界的认识。

当孩子听故事入迷时，家长还要不失时机地告诉他，好听的故事并不在画中而是蕴含在一个个神秘的文字中，进而引导他们认字识字的兴趣，为以后的独立阅读打下基础。

第三，帮助孩子远离电视和电脑。因为电视的画面跳动非常快，孩子没有机会去思考，而是被动地接受。电脑网络也是如此，美国硅谷那些高科技工程师，往往把自己的孩子送进禁止使用计算机的“低科技”学校。因为他们非常清楚高科技产品对孩子成长的反作用。

孩子如果哭闹，家长可以想些办法。比如解释说电视没信号了，电脑掉线了，不能上网了，要做到天衣无缝，不能让孩子看出破绽。久而久之，孩子的阅读兴趣培养起来了，就没必要担心孩子会沉迷于电视和网络了。

41 “夫命之穷达，犹金玉木石也；修以学艺，犹磨莹雕刻也。金玉之磨莹，自美其矿璞；木石之段块，自丑其雕刻。安可言木石之雕刻，乃胜金玉之矿璞哉？不得以有学之贫贱，比于无学之富贵也。……且又闻之：‘生而知之者上，学而知之者次。’所以学者，欲其多知明达耳。”

译文 “人的命运是困苦还是显达，好比金玉与木石；研习学问，好比琢磨金玉，雕刻木石。金玉经过雕琢，自然比未经冶炼的矿璞更美；一段木头、一块石头，自然比经过雕刻的要丑陋。但怎么可以说经过雕刻的木石，就胜过未经雕刻的金玉呢？所以，不能以有学问的人的贫贱，去和没学问的人的富贵相比。……况且我又听说:'生下来就明白事理的是天才,通过学习才明白事理的是次一等的。'人之所以要学习,就是想使自己多明白些道理而已。"

感悟 金玉木石本无高下之分,关键在于后天的琢磨。而要想成为一件珍品,琢磨雕镂就必须因势象形,即根据材料的质地、纹理、色泽,巧妙运用,把优点发挥到极致,把瑕疵规避甚至化瑕疵为亮点。就像每一个孩子都有自己的个性特点和兴趣特长,从这个角度看,每一个孩子都是天才,就看孩子的潜力能不能被发现,孩子的潜能能不能被激发,家长能不能找到适合孩子成长的教育方法和发展方向。

另外,家长也要明白学习的真正目的是什么。家长不要太急功近利。为了拿证书而学习,为了获奖状而学习,为了升学而学习,为了好工作而学习,太过功利化的学习会让孩子渐渐厌烦从而失去学习的兴趣。学习其实就是为了明白事理,懂得道理,学习就是为了丰富一个人的精神世界,让人知道天地之大,万物之奇,历史之浩瀚,人生之宏远,从而去珍惜幸福,创造幸福。

很巧的是,《家训》中的这一段话也是对"读书无用论"的反面回答。不学习的人,生而富贵的是极少数,身死而名灭的却像牛毛那么多;勤学苦读的人,最后毫无所获的非常少,而名利双收的却是大多数。所以,亲爱的家长们,千万不要被"读书无用论"所影响,"知识改变命运"这句老话在任何时候都是有道理的。

42　夫所以读书学问,本欲开心明目,利于行耳。……素骄奢者,欲其观古人之恭俭节用,卑以自牧,礼为教本,敬者身基,瞿然自失,敛容抑志也。素鄙吝者,欲其观古人之贵义轻财,少私寡欲,忌盈恶满,赒(zhōu)穷恤匮,赧然悔耻，积而能散也。素暴悍者，欲其观古人之小心黜己，齿弊舌存，含垢藏疾，尊贤容众，苶(nié)然沮丧，若不胜衣也。素怯懦者，欲者观古人之达生委命，强毅正直，立言必信，求福不回，勃然奋厉，不可恐慑也。

译文 人之所以要读书求学，本来就是要开阔眼界，开发智力，从而更利于品行的锻炼。……对于那些一贯骄横奢侈的人，就要让他们见识一下古人是如何节俭朴素、谦卑自守，以礼义为教育之本，以恭敬为立身之基，鉴于此，这些人就会大吃一惊，怅然若失，从而收敛傲慢的态度，抑制奢侈的心思。对于那些一贯为富不仁的吝啬之人，就要让他们见识一下古人是如何仗义疏财，大公无私，毁家纾难，接济穷人，鉴于此，这些人就会心生悔恨自感羞耻，从而做到既能聚财也可以散财。对于那些一贯暴虐凶悍的人，就让他们见识一下古人是如何小心翼翼约束自己，明白齿亡舌存的道理，忍辱负重，礼贤下士，博爱众人，鉴于此，这些人就会垂头丧气，好像能被衣服压趴下。对于那些一贯胆小懦弱的人，就让他们见识一下古人是如何乐观豁达，逍遥自在，坚强正直，言出必行，坚守正道，鉴于此，这些人，就会奋发图强，再接再厉，无所畏惧，信心满满。

感悟 这一则告诉我们读书可以医治性格中的弱点，可以纠正行为上的偏差。英国大学者培根就曾说过："读史使人明智，读诗使人灵秀，演算使人精密，哲理使人深刻，伦理学使人庄重，逻辑修辞使人善辩。凡有所学，皆成性格。"著名主持人杨澜回忆自己的人生经历时也说过："读了那么多东西，节目里并不一定直接用得到，只是为了不问愚蠢的问题而已。也许读过的东西有一天会全部忘掉，但正是这个忘掉的过程，塑造了一个人的知识结构和举止修养。”

我们家长也不妨一试：性格急躁的孩子给他多看看情绪平稳、节奏舒缓的，能引发深入思考的益智类图书；慢性子的孩子给他看情节紧张、一环扣一环的故事书；胆小的孩子就读一读描写勇敢者探险经历的书。当然这些都不能操之过急，要慢慢引导，注意把握度，防止适得其反，过犹不及。

43　夫学者犹种树也，春玩其华，秋登其实；讲论文章，春华也，修身利行，秋实也。

译文 学习就像种树一样，春天可以欣赏它的繁花，秋天可以收获它的果实。其中讨论文章品评诗词，就好比欣赏春天的繁花；修养身心磨练品行，就好比收获秋天的果实。

感悟 讨论文章、品评诗词那是文人间的雅事。在家庭教育中，通过亲子阅读与孩子一起交流读书心得也能起到意想不到的效果。比如：让孩子讲出不明白的地方，和他一起交流探讨；家长就书中内容提出问题让孩子回答；当孩子看完一篇东西时，鼓励孩子讲出来。家长在一旁要适时鼓励、表扬和引导，让宝宝们感到兴奋和自豪，由此产生阅读更多书的愿望。在阅读过程中，当他讲错了或讲得不够好时，不必立刻纠正，要尊重他的自尊心。这样的交流阅读还可以增进父母与孩子之间的感情，对孩子的性格、心理成长都很有利，让孩子在快乐中获得心智全面发展。

44　人生小幼，精神专利，长成已后，思虑散逸，固须早教，勿失机也。吾七岁时，诵《灵

光殿赋》，至于今日，十年一理，犹不遗忘；二十之外，所诵经书，一月废置，便至荒芜矣。然人有坎壈(lǎn)，失于盛年，犹当晚学，不可自弃。

译文 人在幼年时，精神专注思维敏捷；人成年以后，思想懈怠精力分散，所以教育孩子必须要趁早，不能坐失良机。我在七岁时，背诵的《灵光殿赋》，时至今日，每隔十年温习一次，至今仍没有遗忘；我二十岁以后，所背诵的经书，若一个月不温习，便荒废了记不起来。然而人生反复，坎坷难免，有的人少壮时没有学习机会，晚年仍然可以抓住机会学习，绝不应自暴自弃。

感悟 有研究表明：0—15 岁是一生中记忆力最好的阶段，15—25 岁是想象力最丰富的阶段，25 岁以后是思维力最佳的阶段；而 13 岁以前，是记忆的黄金期，记住的东西往往终身不忘。于是很多家长让学龄前的孩子背诵大量的古典诗文，这种不理解含义，反复机械背诵很容易磨掉孩子对学习的兴趣。“哪里没有兴趣，哪里就没有记忆。”德国文学史上的泰斗歌德的话正好说中了幼儿的记忆特点。明智的家长绝不能“命令”孩子记住这、记住那，而是用游戏的方式，如角色扮演、讲故事、记忆力比赛等等，在精神放松的状态下进行记忆，不仅记得快，而且记得牢。

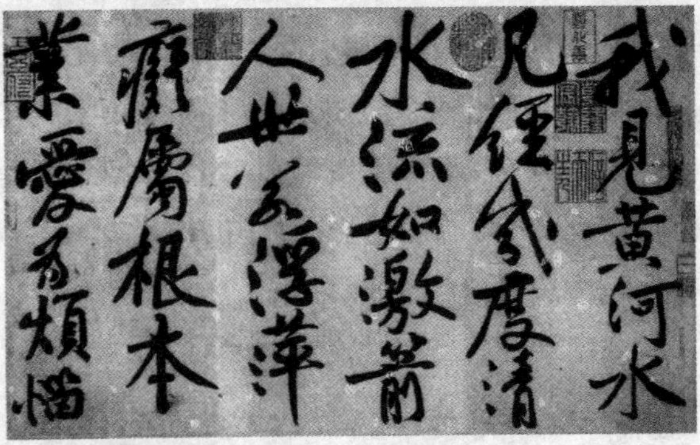

45 孔子云："五十以学《易》，可以无大过矣。"魏武、袁遗，老而弥笃，此皆少学而至老不倦也。曾子七十乃学，名闻天下；荀卿五十，始来游学，犹为硕儒；公孙弘四十余，方读《春秋》，以此遂登丞相；朱云亦四十，始学《易》、《论语》；皇甫谧二十，始受《孝经》、《论语》：皆终成大儒，此并早迷而晚寤也。世人婚冠未学，便称迟暮，因循面墙，亦为愚耳。幼而学者，如日出之光；老而学者，如秉烛夜行，犹贤乎瞑目而无见者也。

译文 孔子说："五十岁以后学习《易经》，便可以避免大的过错。"曹操、袁遗，年龄越大学习的兴致越浓厚，他们都是少小勤学至年老而不厌倦的例子。曾子七十岁才开始学习，仍可以名闻天下；荀子五十岁才到齐国稷下学官游学，仍可以成为大思想家；公孙弘四十多岁才开始读《春秋》，却可以因此当上丞相；朱云也是四十岁时开始学习《易经》、《论语》；皇甫谧二十岁才开始学习《孝经》、《论语》，他们最后都成为大学者。而前述这些人都是早年迷惑而晚年醒悟的例子。当今之世，有人成年还未开始学习，就认为已经晚了，懒散不学而一无所知，也真够愚蠢的。幼年开始学习，就好似初升太阳的光芒；老年时才开始学习，就好似打着灯笼走夜路，但是也比闭上眼睛什么也看不到的强得多！

感悟 古人可以早年迷惑，晚年醒悟而终成大器，但现代社会，海量信息，铺天盖地，竞争又无处不在，如果忽视了早期教育，可能会失掉发展的良机。但早期教育并不是超前学习各种知识和技能，而是督促孩子养成良好的学习习惯。比如爱读书的习惯、独立阅读的习惯、做事情精力集中的习惯等等，科学大师爱因斯坦说："什么是教育？当你把受过的教育都忘记了，剩下的就是教育。"换句话说，忘不掉的才是真正的教育，而最忘不掉的就是习惯。俄罗斯教育家乌申斯基说得好，好习惯是人在神经系统中存放的资本，这个资本会不断地增长，一个人毕生就可以享用它的利息。而坏习惯是道德上无法偿还清的债务，这种债务能以不断增长的利息折磨人，使他最好的创举失败。有一位老师带一群孩子去外地参加一个全国性的学科竞赛，在轮船上他发现了一个奇怪的现象：每天晚餐后，同学们都在甲板上观看风景、谈天说地、做游戏，有一个孩子总是悄悄离去，独自到船舱里拿出书本，旁若无人地开始学习。老师问他为什么不去玩，他说这是他做功课的时间，没有心情去做其他的事——这就是好习惯的巨大作用。一个小小的习惯，就可以改变一个人的人生。

46　邺下谚云："博士买驴，书券三纸，未有驴字。"使汝以此为师，令人气塞。孔子曰："学也，禄在其中矣。"今勤无益之事，恐非业也。夫圣人之书，所以设教，但明练经文，粗通注义，常使言行有得，亦足为人。何必"仲尼居"即须两纸疏义，燕寝讲堂，亦复何在？以此得胜，宁有益乎？

译文 邺下有句谚语说："博士买驴，写了三张契约，还没有写到一个'驴'字。"如果让你们拜这种人为老师，真会被他气死的。孔子说过:“好好学习,工作俸禄就在其中。”现在有人只在无益的事上用功,恐怕这不是正业。圣人的著述,是用来教育人的,只要明白熟悉经文,稍稍了解注释含义,经常使自己的言行与此一致,也足以立身做人就行了。以“仲尼居”三字为例,解释“居”字何必要用两张纸那么多,只要弄清楚“居”究竟是指闲居的内室还是指讲解经典的厅堂就好了,难道还有其他所指?其实在这种问题上争强好胜,又有什么益处呢?

感悟 父母举办亲朋聚会。“来,儿子给大家背一首《春江花月夜》。”“好宝贝,给大家表演背诵论语选段。”……孩子完成表演,爸爸妈妈别提多得意了。教育是为了炫耀吗?是为了让家长脸上有光吗?如果仅仅如此,这就是误入歧途的教育。没有兴趣,没有理解,强行灌输,只能让孩子的宝贵时光消耗在了毫无意义的事情上,这样的争强好胜还是快快停止吧。因为家长的虚荣心会让孩子觉得学习是为了家长而与自己没多大关系,从而失掉了学习的兴趣和动力。

47 光阴可惜,譬诸逝水。当博览机要,以济功业;必能兼美,吾无间焉。

译文 光阴似白驹过隙应当珍惜，它好像流水一般，一去不复返。所以就要抓紧时间，博览重要经典著作，来成就自己的事业；如果既能做到博览群书，又能做到专精某书，那就再好不过了，我也佩服得无话可说。

感悟 小孩子很难理解时间这个抽象的词汇，所以教育他珍惜光阴、抓紧时间，效果是很难尽如人意的。那如果孩子有做事拖拉，尤其是做作业磨蹭的坏习惯该怎么办呢？

教育孩子珍惜时间，一定要用一种贴切又有趣的方式：和孩子玩一种游戏，搜集一些歌曲，画一幅画……通过这些新鲜的方式，把珍惜时间的道理寄寓其中，他们应该会更乐意接受。有几个小方法家长可以试试：

一是家长要以身作则，在家里及时高效地完成各种家务活。如果家里脏衣服东一件西一件，碗筷积攒到很多才刷洗，那家长教育孩子就显得底气不足了。

二是帮孩子统计固定时间里（例如 10 分钟）能写多少个字，完成几道题。然后算一算按这样的速度，做完作业要用多长时间。让孩子心中有数，超过了就从自身找原因。

三是要让孩子感受到“快得值得”。孩子节约出来的时间，应该让孩子做一些自己感兴趣的事情，比如做游戏、看动漫等等，孩子尝到甜头自然会动力大增。

48　古人勤学，有握锥投斧，照雪聚萤，锄则带经，牧则编简，亦为勤笃。梁世彭城刘绮，交州刺史勃之孙，早孤家贫，灯烛难办，常买荻尺寸折之，然明夜读。

译文 勤奋好学的古人有很多，如握锥刺股的苏秦，投斧挂树的文党，映雪夜读的孙康，聚萤读书的车武子，耕地读经的倪宽，放牧编简的路温舒，他们都是勤奋学习的好榜样。梁代彭城的刘绮，是交州刺史刘勃的孙子，自幼丧父，家境贫寒，点不起油灯，买不起蜡烛，他经常买一些荻草折成小段，点燃照明，用此读书。

感悟 由于没有类似的生活体验，给孩子讲这些古人在艰苦条件下刻苦求学的故事，他们是很难引起共鸣，从而受到教育的。孩子在生活中养尊处优，衣来伸手，饭来张口，这样的孩子让他学习刻苦真是比登天还难。所以，家长可以尝试着让孩子在生活中尝尝苦头，通过一些实地体验，磨砺孩子的意志。比如在假期，让孩子参加一些有锻炼意义的夏令营，带孩子搞一次在他体力允许范围内的徒步旅行等等。让孩子明白——健康的体魄、坚强的意志才是学习刻苦的最大保证。

当孩子真正开始学习生活的时候，一定要有系统而严格的各项要求，要有持久性，帮助孩子养成勤学的习惯，习惯成自然，自然成兴趣，就步入良性循环的轨道了。中国新文化运动的开拓者胡适，就是在母亲的教导下，养成了刻苦求学的习惯，为他一生的学术生涯打下了基础。胡适很小的时候就被母亲送进私塾里念书。每天天蒙蒙亮时，母亲就把儿子叫醒，对他说昨天做错了什么事，说错了什么话，要他诚心诚意地认错，勉励他用功读书。胡适每次去学堂都是最早的，等到先生来了，背完生书，才能回家吃早饭。

正是母亲对孩子教育的持续关注和监督，丝毫不放松的严格要求，才使胡适从小就对读书产生了浓烈的兴趣，虽然刻苦勤学却不以为苦，终成一代大家。

家长们还可以换一个角度重新诠释选文中的故事，苏秦、文党、孙康、车武子等等这些人为什么能在如此困难的情况下创造一切可能去学习？那是因为他们品尝到了学习所带给他们的满足感、快乐感和幸福感。这种满足、快乐和幸福使他们根本没把物质的穷困放在心上。从这个角度去激发孩子对学习的兴趣，要比简单的说教更有作用。

49 《书》曰："好问则裕。"《礼》云："独学而无友，则孤陋而寡闻。"盖须切磋相起明也。见有闭门读书，师心自是，稠人广坐，谬误差失者多矣。

译文 《尚书》有言："善于发问，则知识丰富。"《礼记》有言："独自一个人学习而没有朋友相互探讨，眼界就会变得狭窄，见识就会浅薄。"如此看来，学习是需要相互切磋，互相启发的。我经常见到一些人只会闭门读书，两耳不闻窗外事，固执己见，自以为是，在大庭广众之中，错误不断，漏洞百出。

感悟 孩子放学回家，美国家长第一句话往往是："你今天向老师提出了几个有意义的问题？"而中国的家长，则往往是问孩子："老师提问，你会不会？回答正确没有？"一个主动问，一个被动问，主动提问是儿童求知欲强的一种表现，说明儿童具有一定的学习的主动性和积极性。那该如何鼓励孩子在学习过程中主动提出问题呢？爱迪生从小好奇心特别强，老爱问为什么，这得到了妈妈的充分肯定。她知道，好奇心强意味着求知欲的旺盛，没有好奇心的孩子就不会有独立思考。其实孩子天生都好奇，都爱问，可是能否坚持下去，形成爱提问的好习惯，与父母的反应和态度密切相关。所以家长要首先学会保护孩子的好奇心，绝对不要对孩子的问题心不在焉、答非所问或不耐烦。第二要给孩子预留提问的空间。遇到新鲜事物的时候，父母不要直接向孩子灌输知识，要给孩子留下提问的空间，先设悬念，再启发，让他有独立思考的机会。

50　谈说制文，援引古昔，必须眼学，勿信耳受。江南闾里间，士大夫或不学问，羞为鄙朴，道听途说，强事饰辞。

译文 无论谈话写文章，还是援引古代典籍，都必须是亲眼读过的，而不要相信听闻传说。江南乡间，有些士大夫不学无术，又怕被人嘲笑自己浅薄没文化，就以道听途说，以讹传讹之辞，修饰自己的言辞装作博学高雅。

感悟 这一则说明了培养严谨的学习态度的重要性。梁启超先生教育孩子崇尚科学，提倡个性发展，以培养兴趣为先导，注重精神引导、毅力培养。他用自己的治学心得启发儿女，强调学习的专心致志。他告诉孩子三步读书法：鸟瞰、解剖、会通。鸟瞰即精略了解大概，明确重点；解剖即将各部分仔细钻研，重要处细解剖，疑难处细研究，有所得则记忆之；会通即上下左右贯通，将全书全面彻底了解而后已。在他的细心指导下，九个子女都养成了严谨周密的科学态度，个个成材，真可谓“满门俊秀”。

我们也要给孩子灌输这样的理念：学习上来不得半点马虎，不能似是而非。遇到拿不准的，不能凭感觉，要养成查阅资料加以证实的习惯。大一些的孩子可以让他研究一些小课题，比如“小蝌蚪是怎样变成青蛙的”、“怎样保护植被”等等，给他列一些书单，让他去查阅摘取，要求每一个结论都要有让人信服的依据。

第九 文章

51　学问有利钝，文章有巧拙。钝学累功，不妨精熟；拙文研思，终归蚩鄙。但成学士，自足为人；必乏天才，勿强操笔。吾见世人，至无才思，自谓清华，流布丑拙，亦以众矣，江南号为诊痴符。

译文 做学问有敏捷和迟钝之分，写文章有精巧和拙劣之分。做学问迟钝的人只要肯用功、不断努力，也能达到精通熟练；但写文章拙劣的人即使再钻研思索，也难免粗野浅陋。只要可以成为饱学之士，就可以处世做人；如果不是写作天才，就不要勉强提笔创作。我看到有很多人其实没有什么才学，却硬说自己的文章清新华丽，从而让丑陋拙劣的文章流传出去，而这种人并不在少数，江南一般称这种人叫“诊痴符”。

感悟 学习上无论孩子是敏捷还是迟钝，只要用功就会有收获。但要学习一些艺术门类，光靠下苦功就远远不够了，因为艺术是需要灵性和天赋的。每个家长都想把孩子培养成琴棋书画、吹拉弹唱样样精通的才子、才女，而恰恰忽视了孩子的感受。所以家长要仔细观察，发现孩子哪方面有兴趣、有特长，再加以循序渐进的培养。有些家长从小有钢琴梦，囿于条件没能实现，于是非逼着孩子扔掉心爱的画笔，哭着坐在钢琴旁练琴。这样的景象屡见不鲜，让人痛心。孩子不是家长的私有财产，他有他自己的梦，而没有义务替家长圆梦。

梁启超就曾建议他的孩子们，在专门科学之外，还要选一两样关于自己娱乐的学问，如音乐、文学、美术等，作为对工作和生活的调剂。学习它们是为了舒缓身心，陶冶情操，享受美的乐趣。这种艺术教育观才是真正符合大多数孩子心理特点的。

52　学为文章，先谋亲友，得其评裁，知可施行，然后出手；慎勿师心自任，取笑旁人也。自古执笔为文者，何可胜言。然至于宏丽精华，不过数十篇耳。但使不失体裁，辞意可观，便称才士。要须动俗盖世，亦俟河之清乎！

译文 学作文章，应先和亲友商量，得到他们的评判，知道自己所写的可以拿得出手了，然后再出手；千万不能自以为是，自我感觉良好，最后贻笑大方。自古以来执笔写文章的极多，但其中真能称得上宏丽精华的，不过几十篇而已。只要文章体裁没有问题，辞意也还可观，就可称为有才华的人。如果想文章能惊世骇俗、惊天地泣鬼神，那恐怕要等到黄河变清才有可能了！

感悟 家长要培养孩子做事情的自信心，没有自信就没有闯一闯的勇气。但我们也经常看到一些孩子自信得过了头，认为自己的都是最好的，一旦受到挫折，心理承受能力就特别脆弱。这其实是做父母的责任啊！年轻的爸爸妈妈们面对孩子每天说得最多的一句话就是:“你是最棒的!”这句空泛的表扬很容易给孩子形成一种心理错觉,渐渐变得说不得,碰不得,目空一切。

国学大师陈寅恪在子女的教育问题上,可算得上是个“严父”,从不无原则地表扬他们。有一次,女儿考试考了第一名,拿着奖品,兴奋地跑回家,心想一定会得到父母的表扬。谁知他看了成绩单,又看了看女儿的神情,然后告诉她——她比班上不少同学年龄大一点,考得好是自然的,没必要太骄傲。从此以后,家里孩子即使考试得了高分,也不会骄傲自满、洋洋得意了。

所以爸爸妈妈在夸奖孩子的同时,一定还要引导他能看到别的小朋友的优点和自己身上的不足,学会尊重别人,正确客观地评价自己。

53　齐世有席毗者,清干之士,官至行台尚书,嗤鄙文学,嘲刘逖云:“君辈辞藻,譬若荣华,须臾之玩,非宏才也。岂比吾徒千丈松树,常有风霜,不可凋悴矣!”刘应之曰:“既有寒木,又发春华,何如也?”席笑曰:“可哉!”

译文 北齐有位名叫席毗的人，是位清廉能干之士，做官做到行台尚书，但他常讥笑轻视文学创作。他曾嘲讽刘逖说："你们的文章诗词，好比昙花似锦，却仅能供片刻赏玩，并不是大才。如何比得上我们这样的千丈松树，虽经风霜侵袭，也不会凋残。"刘逖回答说："若既是耐寒的松树，又能花开似锦，怎么样?"席毗笑着说："那当然可以了！"

感悟 文学看似没有什么实在的价值，但它拥有内在的、看似无用的、超越功利的价值，即精神性价值。文学对儿童的心智发育起到启蒙作用，为其建立完善的人格提供帮助。让他们从蒙昧之中走出来，让他们的感情世界丰富起来，欣赏自然与人类的美好。家长要为孩子选择那些基调明朗、单纯、充满生活情趣、幽默感和人类的温情的文学作品，如《小王子》、《骑鹅旅行记》、《淘气包埃米尔》、《郑渊洁童话》等等。

当然，在基础教育阶段的语文考试中，对阅读与写作能力的考察也是重中之重。家长们注重对孩子文学素养方面的培养，也是很实际、很有用的。

54　凡为文章，犹人乘骐骥，虽有逸气，当以衔勒制之，勿使流乱轨躅(zhú)，放意填坑岸也。

译文 凡是写文章，就好比骑千里马，骏马豪气万丈、肆意奔放，所以还得用辔头、缰绳来控制它，不能让它乱奔脱离了轨迹，以免随意乱闯而跌入深坑之中。

55　文章当以理致为心肾，气调为筋骨，

事义为皮肤，华丽为冠冕。今世相承，趋末弃本，率多浮艳。辞与理竞，辞胜而理伏；事与才争，事繁而才损。

译文 文章要以义理意致为核心，以气韵格调为筋骨，以典故文义为皮肤，以华丽辞藻为冠冕。如今盛行的文风，大都是弃本逐末、浮浅艳丽，辞藻和义理相比较，辞藻华丽而义理空洞；典故和才思相比较，则典故繁多而无才思。

56 沈隐侯曰："文章当从三易：易见事，一也；易识字，二也；易读诵，三也。"邢子才常曰："沈侯文章，用事不使人觉，若胸臆语也。"深以此服之。祖孝徵亦尝谓吾曰："沈诗云'崖倾护石髓'，此岂似用事邪？"

译文 文学理论家沈约认为："文章应该遵从'三易'的原则：其一，使用典故要简单明了；其二，写作要使用容易认读的文字；其三，文章要容易诵读。"邢子才常常说："沈约的文章，使用典故而让人感觉不到，好像在说自己内心的话。"我很佩服这个说法。祖孝徵曾对我说："沈约有句诗说'崖倾护石髓'，这能像在引用典故吗？"

感悟 以上三则都是关于如何把文章写好的问题。对于刚入小学的孩子来说，写作文确实是一道难关。家长如何帮助孩子渡过这个难关呢？书面文的基础是口头语言，家长要先锻炼孩子的口头表达能力。家长可以挑选简短的故事反复讲几遍，然后让孩子复述。复述时不要求一字一句不差，只要大意对，孩子可以自己组织语言，自由增添细节。看图说话也是一种好方法，同一幅图画，可以让孩子发挥想象，编成不同的故事情节和结局。家长的感悟也非常重要，不能笼统地说好与不好，表扬要具体，不足的地方要用建议的方式提出，供孩子参考。孩子动手写作文时，切忌不要用成人的思维帮助孩子去写一些超越他认知范围的作文。兴趣是孩子学习的动力，同样也是写作的动力，让孩子从感兴趣的人、感兴趣的事，甚至感兴趣的东西开始写起。有时孩子总是不知道从哪里开始写，怎么写。家长要培养孩子对事物的观察能力，采取递进式的方法加深理解。比如一块蛋糕，让孩子逐步描述，从这是一块蛋糕开始，一步步讲到这是一大块美味的奶油蛋糕；这块蛋糕颜色鲜艳，味道鲜美，非常诱人等等，和孩子一人一段交替描述，不但能诱发孩子的描述欲望，还能让孩子借鉴你的方法，丰富自己的描写手段。

总之，提高孩子的写作能力不是一朝一夕可以完成的，它和孩子的阅读量、社会阅历、情感感知力紧密相连。家长要有足够的耐心，多给他阅读的机会，多带他饱览山川名胜，多与他交流对一些人和事的看法和思考等等。

第十　名实

57　吾见世人，清名登而金贝入，信誉显而然诺亏，不知后之矛戟，毁前之干橹也！宓(fú)子贱云："诚于此者形于彼。"人之虚实真伪在乎心，无不见乎迹，但察之未熟耳。一为察之所鉴，巧伪不如拙诚，承之以羞大矣。

译文 我见世上有些人，一旦名声显赫就开始贪图钱财；一旦信誉远扬就开始不守承诺，这些人其实不知道这是用自己不负责的行为，损害自己以前的好名声。孔子的高徒宓子贱说："只要内心诚实，总会显示出来。"人的虚实真伪存在于内心，没有不在行为上有所表现的，只是人们观察得不够仔细罢了。所以说，通过考察鉴别，再巧妙的虚伪也不如笨拙的诚实，一旦被识破了就要蒙受巨大的耻辱。

感悟 每位家长都希望孩子拥有诚实的品格，可孩子如果撒谎了，家长该怎么办呢？

家长不要轻易将孩子的说谎行为与孩子的品质画等号，不能给孩子贴上"小骗子"、"谎话专家"、"吹牛大王"等标签。要冷静地分析孩子说谎的原因——有的是因为自己做了错事但又害怕受到惩罚而说谎，有的是因为想通过说谎来让家长满足自己的某种愿望，有的是因为错误模仿大人的行为而说谎。

对于第一种，家长要明确告诉孩子，犯错误是不对的，但掩饰错误会让错上加错；并让孩子明白说谎是要受批评和惩罚的，将孩子说谎的企图适时地化解掉。

对于第二种，要满足孩子合理的要求和愿望。如适时地给孩子添置玩具、图书、文具等，让孩子意识到自己需要的东西，只要是合理的，家庭又是力所能及的，是会得到满足的。

对于第三种，家长一定要认真检讨自己的行为，为孩子树立一个好的榜样。

对于主动认错的孩子，不要先批评训斥，要首先肯定他的诚实，然后再指出他的问题所在。不要采取简单、粗暴的奖惩方式来教育孩子，因为这种方式易使孩子因害怕而不得不去撒谎。家长在教育孩子的过程中，不仅要看到孩子取得的成果，更要看到孩子努力的过程，并对孩子努力的过程给予表扬，尽量不要让孩子从撒谎中尝到甜头。

在把握主要原则的基础上，家长还要根据具体情况灵活处理，以达到深入而持久的教育目的。有一位父亲的做法很值得我们借鉴，他就是美国前总统罗斯福。他的儿子有一次打碎了一个杯子却撒谎说不是自己干的，罗斯福没有当众揭穿儿子，只是通过妻子暗示儿子，撒谎的人是连父母都不会喜欢他的。这种沉默使儿子渐渐心神不宁，再也不像以前那样无忧无虑。终于有一天，儿子鼓足勇气来到父亲面前，承认了自己的过错。

孩子在成长的过程中，有时候出于各种原因，难免会说谎，这并不是品质问题，但家长若忽视过去，长此以往，习惯就会变成品质。罗斯福的做法其高妙之处在于，他没有直接批评，而是间接地暗示。这一举动让儿子的心灵有所触动，发自内心地认识到错误，并在这个过程中受到惩罚，付出代价，从而唤醒良知，铭记终生。

第十一　涉务

58　国之用材，大较不过六事：一则朝廷之臣，取其鉴达治体，经纶博雅；二则文史之臣，取其著述宪章，不忘前古；三则军旅之臣，取其断决有谋，强干习事；四则藩屏之臣，取其明练风俗，清白爱民；五则使命之臣，取其识变从宜，不辱君命；六则兴造之臣，取其程功节费，开略有术，此则皆勤学守行者所能辨也。人性有长短，岂责具美于六涂哉？但当皆晓指趣，能守一职，便无愧耳。

译文 国家使用人才，大体不外乎这六个方面：第一种是在朝廷处理政务的大臣，要选取那些通晓治国策略、满腹经纶的人；第二种是掌管文史的大臣，要选取那些能撰写典章制度、不忘古人遗训的人；第三种是军事大臣，要选取那些处事果断干练、英勇善战的人；第四种是守边卫国的大臣，要选取那些熟悉各地风俗习惯、廉洁爱民的人；第五种是奉命出使的大臣，要选取那些善于随机应变、临危受命、不辱君命的人；第六种是负责建造的大臣，要选取那些能保证工程质量、节省费用、善于谋划的人。这些都是勤奋学习、坚守操行的人才能办得到。人的资质各有短长，怎可以强求一个人这六个方面都做到完美呢？只要对这些方面通晓大意即可，并且能做好某一种工作，也就可以说问心无愧了。

感悟 这六个方面，达到任何一种都是了不起的人才啊。孩子将来成为什么方面的人才，是由各种各样很复杂的因素决定的。在孩子处在幼儿期和上小学时，家长不要按照自己的喜好给孩子确定发展的方向。年幼的孩子关键是教他如何做人做事，也就是良好的习惯。家长不要只对孩子的学习感兴趣，要对孩子生活中的所有细节都充满兴趣，学会欣赏孩子，不一定要说出来，可以用你的眼睛赏识孩子。当孩子到了一定年龄，有了较为独立的自我意识后，再根据他的天赋和喜好，尊重他自己的选择，确定将来发展努力的方向。

同时，家长还要注意一点：孩子的成长和发展需要一定的时间和空间。如果把孩子捆得死死的，一点自由支配的时间都没有，他们怎么去进行创造？

一次，著名漫画家蔡志忠送女儿去上钢琴课，车开到上课的学校门口，女儿却说不想上课，她想学的是笛子。蔡志忠立刻调转车头往回开。孩子说："不过妈妈交了学费呢。"蔡志忠回答："那只好算了。"蔡志忠觉得什么都比不上孩子的童心重要，强迫她学习不喜欢的东西等于扼杀她的兴趣和天赋。

家长应该给孩子更多的时间和空间，让他们去"淘气"，让他们自由自在地去遐想、去活动、去创造、去发现自己将要奋斗终生的方向。

59　古人欲知稼穑之艰难，斯盖贵谷务本之道也。夫食为民天，民非食不生矣，三日不粒，父子不能相存。耕种之，茠(hāo)锄之，刈(yì)获之，载积之，打拂之，簸扬之，凡几涉手，而入仓廪，安可轻农事而贵末业哉？

译文 古人想让人们能体会耕种收获的艰辛，这是一种珍惜粮食、以农为本的思想。民以食为天，没有食物，人民就无法生存，三天不吃饭的话，父子之间都没有力气相互问候了。粮食要经过耕种、锄草、收割、运输、脱粒、簸扬等好几道工序，最后才能放入粮仓，如此看来，怎么可以轻视农业而只重视手工业、商业呢？

感悟 大多数孩子都会背“谁知盘中餐，粒粒皆辛苦”，但由于没有切身的体验，是很难理解诗句的含义的。在城市水泥森林长大的孩子，对土地是相当陌生的，对农民的生活是相当有隔膜的。家长可以在周末带孩子参加一些农家乐活动，到采摘园里体验农家生活。这样既能体会到农民的艰辛，认识到食物的珍贵，从而培养节约意识，还能亲近自然，接触自然界的生物，甚至触发孩子对环保的关注，可谓一举多得。

家长还要通过自己的榜样作用教育孩子。近代史上曾国藩可谓是风云人物，被誉为“中兴第一名臣”。他在吃饭遇到饭里有谷时，从来不把它一口吐在地上，而是用牙齿把谷剥开，把谷里的米吃了，再把谷壳吐掉。他要求两个儿子纪泽、纪鸿也这样，从小养成艰苦朴素、勤俭节约的好习惯。

第十二 省事

60 铭金人云："无多言，多言多败；无多事，多事多患。"至哉斯戒也！能走者夺其翼，善飞者减其指，有角者无上齿，丰后者无前足，盖天道不使物有兼焉也。古人云："多为少善，不如执一；鼫(shí)鼠五能，不成伎术。"

译文 古代铜人像上有文字说："不要多说，多说会多出错；不要多事，多事就会多祸患。"这个古训对极了！试想一下，善于奔跑的一般没有翅膀，善于飞翔的一般缺少脚趾，长双角的一般没有上齿，后腿强壮的前腿就弱一些，这大概是大自然不让万物兼有众长吧！古人说："会做的很多却没有几样能做好，还不如专心做好一件事；这就像鼫鼠有五种技能，都没有一项像样的技术。"

感悟 孩子做事不专心，总是三心二意怎么办呢？其实这很大程度上是因为孩子对某些事物不感兴趣。家长要求所做的事过难会使孩子产生畏难情绪；过易则不能吸引孩子，都不利于培养其集中注意力。比如家长教孩子认汉字，在孩子眼中，汉字与图形符号没什么两样，强行记住字形超出了孩子的认知能力，孩子就会觉得枯燥无味，注意力自然分散。家长可以把要认识的汉字编成生动活泼的儿歌，小孩子读起来朗朗上口，很快就会背了，再让孩子用手指着儿歌里的一个个汉字读几遍，在孩子脑海里把字形与读音建立起联系。然后把生字单拉出来让孩子读，读不出来就回到儿歌中找相同的字，反复几遍就能记得差不多了。

61　王子晋云："佐饔(yōng)得尝，佐斗得伤。"此言为善则预，为恶则去，不欲党人非义之事也。凡损于物，皆无与焉。然而穷鸟入怀，仁人所悯，况死士归我，当弃之乎？伍员之托渔舟，季布之入广柳，孔融之藏张俭，孙嵩之匿赵岐，前代之所贵，而吾之所行也，以此得罪，甘心瞑目。至如郭解之代人报仇，灌夫之横怒求地，游侠之徒，非君子之所为也。如有逆乱之行，得罪于君亲者，又不足恤焉。亲友之迫危难也，家财己力，当无所吝；若横生图计，无理请谒，非吾教也。墨翟之徒，世谓热腹；杨朱之侣，世谓冷肠。肠不可冷，腹不可热，当以仁义为节文尔。

译文 古人王子晋说："帮人下厨，可以品尝美味；帮人打架，却可能受伤。"这就是说别人做好事应当帮忙，别人做坏事应当立即离开，绝不能拉帮结派去干不义之事。凡是有害他人的行为，都不应当参与。走投无路的小鸟投入人的怀抱，善良的人都会怜悯保护它；何况视死如归的勇士前来投奔，怎么能弃之不问呢？伍子胥乘渔船逃入吴国，季布藏身于广柳车中被卖给朱家，孔融藏匿了被追杀的张俭，孙嵩藏匿了被宦官迫害的赵岐，这些都是前人所看重的，而我们也应该奉行不怠，即使因此招致罪过，我也心甘情愿、死而无憾。至于像郭解那样替人报仇，灌夫那样怒骂来求取别人封地的人，这些都是游侠的行为，君子是不这样做的。如果有逆乱的行为，得罪了国君和父母，就不值得怜惜了。亲戚朋友遇到危难时，应该倾尽自家的财力和能力去帮助，不应吝啬；但如果有人心怀不轨、无理请求，他们就不值得同情了。墨子主张"兼爱"所以世称他是热心肠；杨朱主张"为我"所以世称他是冷心肠。人生在世，心肠不应该过热也不应该过冷，应该以仁义为标准来衡量自己的行为。

感悟 家长们都希望自己的孩子，男孩成为绅士，女孩成为淑女，绅士与淑女的培养可不是那么轻而易举的，要让孩子知道哪些事情能做，哪些事情不能做，从小培养他们的是非羞恶之心。但是现实中家长大多关注孩子知识理论的增长，忽视了人格、人性、人道、尊严等方面的教育。真正的教育应当人性先于知识，即所谓"先成人后成才"。让孩子知道哪些事情能做，就是引导孩子求真、求善、求美；哪些事情不能做，就是让孩子识别假恶丑，并摒弃之。

家长首先要以身作则，当遇到工作不顺心、家庭有矛盾时，要给孩子传达积极的情绪。说话掷地有声，行动光明磊落的父母胜过千言万语的道德说教。

家长要善于抓住生活的细节，把它们巧妙地转变成教育的资源。比如孩子在公园的地面上踩蚂蚁，家长就要给孩子讲蚂蚁虽小也是一个生命，生命之间是平等的，不能恃强凌弱，更不能随意剥夺它们生的权利。从关爱小生命开始，进而自然发展为爱人、爱家庭、爱国家。

当孩子犯了错误时，一定要及时发现，及时指出，严重时可以有小小的惩罚以示警醒。比如孩子冲别人说了脏话，一定要让他去诚恳地道歉，不道歉就不能吃饭睡觉。

第十三　止足

62　《礼》云："欲不可纵，志不可满。"宇宙可臻其极，情性不知其穷，惟在少欲知足，为立涯限尔。先祖靖侯戒子侄曰："汝家书生门户，世无富贵；自今仕宦不可过二千石，婚姻勿贪势家。"吾终身服膺，以为名言也。

译文 《礼记》上说："欲望不可以放纵，志向不可以盈满。"宇宙虽大也有边缘，而人的欲望却没有尽头。人生在世应该寡欲知足，最好能给自己设定一个界限。先祖靖侯告诫后代说："咱们家是书香门第，世世代代也没有出过大富大贵的人；从今以后，你们做官也不可做超过二千石的高官，孩子的婚姻更不能只贪图权势之家。"我衷心信服并终生奉行这一至理名言。

63　谦虚冲损，可以免害。人生衣趣以覆寒露，食趣以塞饥乏耳。形骸之内，尚不得奢靡，己身之外，而欲穷骄泰邪？周穆王、秦始皇、汉武帝，富有四海，贵为天子，不知纪极，犹自败累，况士庶乎？常以二十口家，奴婢盛多，不可出二十人，良田十顷，堂室才蔽风雨，车马仅代杖策，蓄财数万，以拟吉凶急速。不啻此者，以义散之；不至此者，勿非道求之。

译文 谦虚淡泊，可以免除祸患。人生在世，衣服只要能够御寒，饮食只要能够充饥，也就行了。在衣服、食物这种与身体密切相关的事上，尚且不应该奢侈浪费；何况那些不是身体必需的事物上，还能穷奢极欲吗？周穆王、秦始皇、汉武帝，他们都富有天下、贵为天子，却不知满足，到头来也会遭到失败和忧患，何况一般老百姓呢？我一直认为，一个有二十口人的家庭，仆人虽然很多却也不应超出二十人，良田只需十顷，房屋只求能遮风挡雨，车马只求可以代步，钱财可积蓄几万，以备婚丧急用，这样就可以了。超过这个数量，就该仗义疏财；即使达不到这个数量，也不应用不正当的手段去贪求。

感悟 这两则都告诉我们要控制自己的欲望，物质上要学会知足。大多数家长不愿意自己的孩子受一丁点委屈，对孩子的要求，总是有求必应。即使自己条件有限，也倾其所有，来满足孩子的虚荣心。天长日久，孩子会变得越来越自私，越来越爱攀比，以为一切都理所当然。让孩子懂得知足，最好的办法莫过于对比和体验。著名化学家格林尼亚，少年时代因家境优裕而整日游手好闲，终于坐吃山空，彻底破产，尝尽了世态炎凉。从此他悬崖勒马，发愤学习。很多年后，他研制出格氏试剂，获得了诺贝尔化学奖。我们当然不会把教育孩子的希望寄托于家庭的突然变故，但有条件的父母可以把孩子带到自己的工作岗位，由孩子亲身感受父母工作的辛苦；可以在假期让他和小伙伴一起到街头卖报或卖花，让他认识到每一分钱都得来不易；带着他走访孤儿院，看看那些孤独无助的孩子;领着他进入建筑工地的民工工棚,让他体味到还有一种生活是那样的艰辛和苦涩。孩子只有懂得贫富的明显差别,才会调整好心态,在对比中学会知足,在体验中学会珍惜。

第十四　诫兵

64　国之兴亡，兵之胜败，博学所至，幸讨论之。入帷幄之中，参庙堂之上，不能为主尽规以谋社稷，君子所耻也。然而每见文士，颇读兵书，微有经略。若居承平之世，睥睨宫阃(kǔn)，幸灾乐祸，首为逆乱，诖(guà)误善良；如在兵革之时，构扇反覆，纵横说诱，不识存亡，强相扶戴：此皆陷身灭族之本也。诫之哉！诫之哉！

译文 国家的兴亡，战争的胜败，只有在你们具备渊博学识的时候，才可以参与讨论。若进入军队的决策层运筹帷幄，或在朝廷里参与国政，如果不能尽心尽力为君主出谋划策，也不能为国家贡献力量，这是君子引以为耻的事。但是我经常看到一些只是稍微读了几本兵书，略微懂一些谋略的文人，他们如果生活在太平盛世，就会窥视朝纲、藐视君主，甚至幸灾乐祸，带头叛乱，从而欺骗、祸害善良的人；他们如果生活在兵荒马乱的时代，就会挑拨煽动众人倾覆国家，拉帮结派，四处游说，诱骗他人，而不明白胜败存亡的道理，还拼命地相互拥立:这些都是招致杀身、灭门之祸的根源。你们要引以为戒，引以为戒啊!

感悟 男孩子总爱端着玩具枪，和小伙伴一起玩打仗游戏，喜欢军事几乎成了男孩的天性。有些家长担心孩子天天打打杀杀，会在性格中形成暴力倾向。其实这个担心完全没有必要，这种游戏有助于培养小小男子汉的勇气和自信，有助于形成正确的性别意识。所以家长们只要做好一些安全防护措施就可以了，如果家里的男孩不爱武装爱红装，那才是家长真正担心发愁的事呢。

男孩比女孩表现出明显的身体活动性，他们更爱奔跑、跳跃，做一些需要摸爬滚打的游戏，男孩喜欢强有力的形象，不要把这种打斗全部归结为攻击性，这其实都是男性荷尔蒙让男孩动个不停，让他们的世界充满动作，喜欢征服，而军事游戏最能满足他们对冒险和征服的向往。很多男孩就是在打斗的经历中，重新认识自己。比如，力气小的男孩吃亏后，就可能学会思考，怎样在自己力量不足的情况下去解决问题，而不是盲目地动手。而占了便宜的男孩，也有可能在发泄了自己的不良情绪后，反思自己的行为给对方带来的伤害。

所以，家长对男孩打架的事情不必过于紧张，不要压抑孩子的天性。美国总统德怀特·艾森豪威尔从小家教严谨，主张谦让。一天他又被别人欺负得打到家门口时，母亲坚定地说:“给我打回去!”从某种意义上讲，“打架”很多时候能锻炼孩子的勇气、能力和智慧，并且让孩子建立新的友谊。

第十五　养生

65　神仙之事，未可全诬，但性命在天，或难钟值。人生居世，触途牵絷(zhí)：幼少之日，既有供养之勤；成立之年，便增妻孥(nú)之累。衣食资须，公私驱役，而望遁迹山林，超然尘滓，千万不遇一尔。加以金玉之费，炉器所须，益非贫士所办。学如牛毛，成如麟角。……不愿汝曹专精于此。若其爱养神明，调护气息，慎节起卧，均适寒暄，禁忌食饮，将饵药物，遂其所禀，不为夭折者，吾无间然。

译文 神仙之类的事情，也不能说全都是假的，只是人的命运由上天决定，很难说人的一生会撞上好运还是遭遇厄运。人生在世，要牵挂的事情极多：小时候，有侍奉父母的辛劳；成年了，又增加了妻儿的拖累。此外还要考虑衣食住行，还要为公事私事奔波，而真正希望隐居山林、超然于物外的人，千万个人中也找不到一个。何况炼制丹药需要耗费大量钱财，又要置办炉鼎等炼丹器具，更不是一般贫苦人能办到的。总之，学道求仙的人多如牛毛，真正学成的却凤毛麟角，少之又少。……所以我不想让你们把精力放在这样的事上。然而如果你们是为了爱惜身体、保养精神、调理身心、保护气息,所以才起居有规律,穿衣冷暖适当,饮食也有所禁忌,并吃一些滋养身体的药,顺着本来的天赋,达到延年益寿、不致夭折的效果,我对此也就没有什么可批评的。

感悟 健康的生活习惯就是最好的养生,它包括饮食、睡眠、运动、心理各个方面。杰出思想家培根说:“习惯是人生的主宰,人们应当努力求得好习惯。”“习惯如果在幼年就开始,那是最美好的习惯。”教育家陈鹤琴先生说:“人类的动作十之八九是习惯,而这种习惯又大部分是在幼年时代养成的,所以在幼年时代,应当特别注重习惯的养成。但是习惯不是奥妙无穷的,有好有坏,习惯养得好,终生受其益;习惯养得不好,则终生受其累。”怎样从小培养孩子健康的生活习惯呢?

一是要尽量保持孩子的生活起居在所有时间里的一致性。何时起床,何时用餐,何时游戏等等。长期做下来,孩子自己也能学会独立按一贯的生活规律来制定合适的作息时间表。

二是要提前培养孩子的时间观念,让他们懂得什么时间应该做什么事,什么时间不该做什么事情,并控制自己的愿望和行为。

如该写作业时一定要认真写,写完后收拾利索才能去看电视和游戏。

三是不能过于着急,良好生活习惯是慢慢养成的,需要有耐心地反复训练孩子。训练的过程中要用激励的方式，如说些“如果吃饭不讲话，我会更喜欢你”、“如果你能主动向别人问好，喜欢你的人会越来越多”的话，以此来增加孩子的自信。

66　夫养生者先须虑祸，全身保性，有此生然后养之，勿徒养其无生也。

夫生不可不惜，不可苟惜。涉险畏之途，干祸难之事，贪欲以伤生，谗慝(tè)而致死，此君子之所惜哉！行诚孝而见贼，履仁义而得罪，丧身以全家，泯躯而济国，君子不咎也。自乱离已来，吾见名臣贤士，临难求生，终为不救，徒取窘辱，令人愤懑。

译文 注重养生的人，首先应该考虑可能发生的灾难，保全自己的性命，有了生命，然后才能保养爱护它，决不能只保养不存在的生命。

个人的生命不能不爱惜，但也不可苟且偷生。干危险的招致祸害的事情，放纵欲望而危及自身生命，因邪恶奸佞而丧命，这些都是君子痛惜的。而若因精忠报国、孝顺父母获罪伤身，牺牲自身来保全家庭，献身救国，对于这些君子是不会责怪的。自从发生战乱以来，我看到一些名臣贤士，一遇到危难就苟且偷生，终究也难免不保，只白白地遭受耻辱，实在令人感到气愤不已。

感悟 这里提到了生命的可贵。我们经常能在报纸网络上看到大学生甚至中学生轻生自杀的新闻，生命意识的淡薄，生命教育的缺失让一幕幕悲剧上演。生命意识就是如何看待生命，对生命持一种怎样的态度。

家长可以和孩子一起阅读有关人体构造的科普书籍，让他认识到人体的复杂精密，每一个活生生的人都是生命的奇迹。

可以和孩子一起在家中饲养一个小动物或养护一株小花草，让他感受到生命在他手中一点点长大的神奇，培养孩子对生命的敬畏之感。同时引导他尊重每一个生命，所有生命都是平等的，都是不能轻易被剥夺的。

家长还要仔细甄别孩子的图书、动漫、玩具中，有没有充斥着冲突和杀戮。要给他们选择那些充满了人性之美，能够表现所有生命都能和谐相处的作品。这方面我们国家还做得不够，就拿孩子们爱看的《喜羊羊与灰太狼》来说，生命系统被割裂成狼族和羊族两大对立阵营，不是你吃掉我就是我算计你，还有那个飞来飞去、蛮横无理的平底锅。好的儿童文学应该能让孩子去体验付出关爱的幸福，开发智慧的喜悦，同情生灵的悲悯和天真迸发的幽默。

第十六 归心

67 凡人之信，惟耳与目，耳目之外，咸致疑焉。……山中人不信有鱼大如木，海上人不信有木大如鱼；汉武不信弦胶，魏文不信火布；胡人见锦，不信有虫食树吐丝所成；昔在江南，不信有千人毡帐；及来河北，不信有二万斛船：皆实验也。

译文 一般人所相信的，只有耳闻目睹的事物，对耳闻目睹之外的事情，都会产生怀疑。……山里的人不相信有鱼大得像树一样，海上的人不相信有树大得像鱼一样；汉武帝不相信有能粘合弓弦的胶水，魏文帝不相信有耐得住火烧的布；边塞少数民族看到锦缎，不相信是由虫子吃树叶吐丝织成的；从前我在江南的时候，发现那里的人不相信有能容纳千人的毡帐；后来等我去了黄河以北，发现那里的人不相信有装载两万斛的大船：这些都是凭实际经验可以得到证实的。

感悟 培养见多识广的孩子除了读万卷书，还要行万里路。很多家长认为，那么小的孩子，什么都不懂，带他跑远路，搞不好还折腾出病来，大人也特别辛苦，何苦呢！其实让孩子见识形形色色的景观、形形色色的人，由他自己去体验、体会，得到的知识或者生活经验，一定比父母口头灌输的要深刻得多。见多识广的孩子由于眼界开阔、心胸豁达，做事情更加自信乐观，分析思考问题不会偏执，不会钻牛角尖。

印度著名诗人泰戈尔，少年时期父亲就带他外出游历。最长的一次有整整几个月的时间，留给他许多铭记终生的美好记忆，增进了对自己所热爱的大自然的亲近感，熟悉了底层普通人民的生活现状，这对他以后的诗歌创作产生了极为深远的影响。

当然，带孩子远行也要有必须注意的原则。第一，要根据孩子的年龄特点和接受能力选择目的地。带孩子去欣赏他不能理解，无法接受的东西，再珍贵的旅行也毫无意义。低龄孩子主要以本地没有的自然风景为主，大一些了就可以去一些历史文化景区。小学生则可以按照他课本上涉及的风景名胜安排旅行。第二，旅行要做好充分准备，让孩子自己去查找有关当地风土人情的文字图片资料，做到有备而来。第三，在旅途中引导孩子去关注当地的地质地貌、水文特点、植被信息、人文风俗等，这些都对孩子的知识、阅历增长很有用，比看教科书要生动多了。

68　儒家君子，尚离庖厨，见其生不忍其

死，闻其声不食其肉。……含生之徒，莫不爱命；去杀之事，必勉行之。

译文 儒家的君子们，尚且远离宰杀烹饪家禽家畜的厨房，因为看到了它们活生生的样子，就不忍心看到它们被宰杀；听到它们的叫声，就不忍心吃它们的肉了。……凡是有生命的物类，莫不爱惜生命，所以不杀生这件事，你们应该努力去做。

感悟 一家三口在散步，看到有卖小鸡崽的，孩子吵着要买几只回家玩玩。大人毫不犹豫地买下了。回到家，孩子抓过来抓过去，没几天就全死掉了。家长可能觉得只是给孩子买了几个玩具而已，却没有意识到那是活生生的生命。如此草率地处理，会让孩子误以为，生命无须珍惜，小动物无须保护，善良和爱心也无须存在。真正对孩子的成长有利的应该是教他尊重和爱惜生命。只有在尊重生命的环境中，孩子才会保持一颗善良健康的心灵。如果幼年时就对生命意识感到模糊，长大后就有可能做出残忍的事情而自己却浑然不觉。一个爱护生命、爱惜小动物的人一定有着一颗善良的心。在德国，父母常常对孩子进行所谓的“善良教育”。首先从爱护小动物开始，小动物并不都是家庭宠物，而是父母们有意为孩子养的活生生的教材——家长

们手把手地教孩子们如何饲养、护理，使他们在照料小动物的过程中，学会体贴入微地照顾弱小生命。

孩子都喜欢小动物，如果要饲养，一定要慎重，看家里有没有适宜它生存的条件。饲养时可以借鉴德国“善良教育”的一些做法，家长要和孩子一起，精心照料，不能把它当做玩物，而是和孩子一道经历照顾生命成长所带来的酸甜苦辣。如果小动物死了，要尊重孩子悲伤与内疚的情绪，在合适的地点加以埋葬，不要立刻给他再买一只；要让孩子明白，每一个生命都是独一无二、无法替代的。

第十七 杂艺

69 真草书迹，微须留意。江南谚云：“尺牍书疏，千里面目也。”承晋、宋余俗，相与事之，故无顿狼狈者。吾幼承门业，加性爱重，所见法书亦多，而玩习功夫颇至，遂不能佳者，良由无分故也。然而此艺不须过精。夫巧者劳而智者忧，常为人所役使，更觉为累。韦仲将遗戒，深有以也。

译文 楷、草书法，都需要稍加用心。江南有句谚语说：“一封信札的字迹，就是我们在千里之外给别人看到的面貌。”江南人士继承了晋、宋两代流传下来重视书法的风气，大家都信奉这句话，所以没有人轻视书法，每个人的字都写得不潦草、不马虎。我从小继承家学，加上我天性喜爱书法，所看到的书法名帖也很多，观赏研习的功夫下得颇深，但我的书法水平并不高，实在是因为我没有天分的缘故。但是这门技艺也不需要过于精湛。俗话说巧者多劳，智者多忧，因为字写得好就会经常被人使唤，反而感觉是一种负担。三国时的书法家韦仲将给子孙留下不要学习书法的遗训，是很有道理的。

感悟 让孩子写一手好字是十分必要的。虽说现在随着电脑、网络的普及，书写的作用有所淡化，但近些年，书法潜在的作用越发引起人们的重视。对于孩子来说，练书法能够增强孩子注意力集中的持续时间和深度，这对提前适应小学生活大有益处。书法还锻炼了小手，人的手和大脑紧密联系，锻炼手的灵敏度，就是锻炼大脑。练习书法达到一定层次后还能对中华民族的文化特点有较深的认识。当然写一手漂亮的硬笔书法还有一个比较现实的原因，现在的中考、高考，文字书写和卷面整洁程度仍是相当重要的得分点。

孩子练习书法可以先从硬笔书法开始，要选择专业的培训机构，从握笔姿势练起，初步掌握汉字的笔顺结构和空间意识。最初的新鲜过去，孩子难免有失去耐心的时候，建议家长适当宽容，及时鼓励，使孩子对书法不产生抵触情绪。同时对于任何进步给予表扬，并提出更高要求以激励孩子。可以在家里设置一面作品展示墙，把孩子不同阶段的作品并列粘贴，让孩子看到自己上升的轨迹，享受成功的乐趣。练习到一定程度后，再根据孩子的喜好选择是否练习软笔书法。

70　王逸少风流才士，萧散名人，举世惟知其书，翻以能自蔽也。萧子云每叹曰："吾著《齐书》，勒成一典，文章弘义，自谓可观；惟以笔迹得名，亦异事也。"王褒地胄清华，才学优敏，后虽入关，亦被礼遇。犹以书工，崎岖碑碣之间，辛苦笔砚之役，尝悔恨曰："假使吾不知书，可不至今日邪？"以此观之，慎勿以书自命。虽然，厮猥之人，以能书拔擢者多矣。故道不同不相为谋也。

译文 王羲之是位风流才士，也是潇洒高致的名人，普天下的人都知道他的书法，反而因此掩盖了其他方面的才能。萧子云常常感叹说："我撰写《齐书》，编纂成为一部典籍，这部书的文采大义，我自以为还是可取的，但我只是因书法而被人所知，也是一件怪事啊。"王褒门第高贵，学识渊博，才思敏捷，后来虽然被迫入关投靠了北周，也仍然受到较高的礼遇。但他却因为工于书法，只能到处奔波为别人写碑碣，不断辛苦地挥毫书写，他曾经悔恨地说："假如我不懂得书法，大概不会弄到今天这个样子吧？"由此看来，千万不要自诩书法了得。虽是这样，那些地位低下、才疏学浅的人，因为会书法而得到提拔的也有很多。所以说思想不同的人是不能一起共事的。

感悟 现代社会，书法的作用肯定不能与古代同日而语。对于孩子来说，书法就是一项锻炼意志、修身养性、增强自信的技艺，它既有实用性，又有审美功能。它只是孩子成功的助推器，当然不会成为孩子成功的核心竞争力，相信家长们都会清楚这一点的。

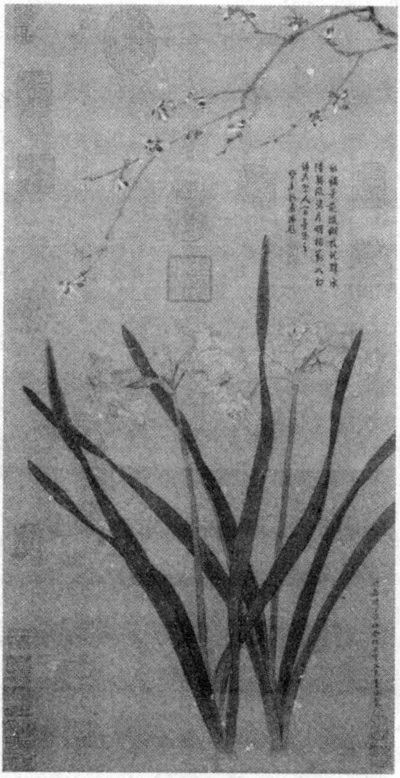

71　画绘之工，亦为妙矣。自古名士，多或能之。吾家尝有梁元帝手画蝉雀白团扇及马图，亦难及也。武烈太子偏能写真，坐上宾客，随宜点染，即成数人，以问童孺，皆知姓名矣。

译文 擅长绘画，也是件美妙的事。自古以来的名士，很多都具有这项才能。我家曾珍藏过梁元帝萧绎亲手绘制的蝉雀白色团扇以及骏马图，都是一般人难以企及的上乘之作。梁武烈太子萧方特别擅长写真人物画，座上宾客无论何人，经过他数笔勾勒点染，就绘好几个人像，拿去问小孩，小孩子都能把画中人的姓名说出来。

感悟 学画画能锻炼孩子的感知能力、动手能力，对色彩和形象的敏感度，培养孩子的想象力与创造力，等孩子长大了会很注意身边的各种事物，善于观察细节，对孩子的审美观也很有帮助。一位画家曾经说过：“每一个孩子都是天生的画家。”只要孩子对涂涂画画有兴趣了，就可以让他去学画画，所以不要一开始就是素描、线条等专业化训练。绘画对于一个孩子来说,更像是一个游戏,表达出儿童独特的思维方式和想象力。孩子画画时给他足够多的纸,足够大的纸,让他足够大胆地画,这是教幼儿画画的一条基本原则。要在画画中充分培养孩子的创造力和想象力,而不是处处设置障碍。对家长而言,应该创设足够的空间给孩子去“乱涂乱抹”,不要怕浪费纸。

孩子兴冲冲拿着自己的作品给家长看,家长一看汽车轮子大得不合比例,所有人物腿细胳膊粗,于是说:“一点都不像,重画去!”类似的话语真是致命性的,能使孩子对画画产生畏缩情绪和厌烦情绪,所以不能用成人的眼光和标准来评判儿童画。欣赏孩子们的画,也要有一颗童心,那是大人们曾经做过但遗失已久的梦,感谢孩子,他们用天真的画笔给自己也给大人们构筑一片无拘无束、神奇瑰丽的天空。孩子画出了作品,家长要善于“解读”。所谓解读,无非是“想尽法子夸奖”。画得谨小慎微,家长可以说“你画得真仔细”;画得天马行空,家长可以说“你手笔真大,想象力真丰富”。家长不要吝啬对孩子的夸奖,信心永远是最好的老师。

72　算术亦是六艺要事,自古儒士论天道、定律历者,皆学通之。然可以兼明,不可以专业。江南此学殊少,唯范阳祖暅(gèng)精之,位至南康太守;河北多晓此术。

译文 算术也是六艺中很重要的一项,自古以来,文人谈天论地,制定音律、历法,都要精通算术之道。但是只需把它作为副业就好,并不需要作为专业从事。江南懂得这门学问的人较少,只有梁朝范阳祖冲之的儿子祖暅精通它,此人官至南康太守;而黄河以北地区的人多通晓这门学问。

感悟 算术或者说是数学，所蕴含的逻辑推理的思维能力是现代人所必须具备的。对孩子的数学训练，一定要以游戏的方式。比如走在路上，可以让孩子通过数道旁树来学习点数；吃饭的时候让孩子根据人数分发碗筷；即使是游戏，五子棋、跳棋等等玩具，也能调动起孩子对数字的敏感。引导孩子在实际生活中利用数学解决一些简单的问题，比如买东西时简单的算账、切蛋糕时几刀能切几块，等等。用孩子熟悉的场景来让他感知数学现象，体验数学趣味，体会数学与生活的联系，并在实际生活中加以运用，巩固提高。这样孩子不仅能更快地学到数学，还能提高他的生活技能。

73　礼曰："君子无故不彻琴瑟。"古来名士，多所爱好。

译文 《礼记》说："君子不可以无故把琴瑟撤去。"自古以来的名士，大多都爱好抚琴弹瑟。

感悟 家长都想让自己的孩子掌握一种乐器，甚至不少爸爸妈妈心里都有一个"郎朗梦"。于是多少望子成龙，望女成凤的中国父母逼着孩子含着泪花不堪重负地练琴，这对双方都是一种残酷的折磨。其实学习音乐，是为了提高生活质量，给孩子带来气质和品位,使孩子对世界、对人生有更深刻的感受和体会。同时,手脑的配合对开发孩子智力也大有益处。

家长不能根据自己的喜好或者跟风,让孩子被动接受而没有选择的权力。可以初步地让孩子接触乐器,有条件的话,接触得越多越好。在这个过程中,家长和孩子一起,发现他在某种乐器上的兴趣和潜质。帮孩子找到一样最感兴趣的乐器,再让他专心地坚持学下去。练习时一定要劳逸结合,当孩子有很强的厌烦情绪时,不妨停一停,缓一缓。要给孩子展示自己一点一滴进步的机会,举办一些小型家庭音乐会,让他享受坚持所带来的成功和赞誉。

让孩子喜欢音乐,家长的爱好和家庭气氛也很重要。俄国著名音乐家柴可夫斯基小时候,每当他大声哭闹时,母亲就边哼着俄罗斯民歌,边轻轻地、有节奏地拍打着他。父亲最喜欢把他抱在腿上,嘴里发出模拟马蹄的声音,左右腿上下颤动,让儿子有韵律地左右摇晃。这些都是小小的音乐游戏。他们并不是想把孩子培养成为音乐家,但他们在唱歌和逗乐孩子的过程中,无意之中培养了孩子敏锐的节奏感,而且他们对音乐近乎天然的热爱形成了柴可夫斯基最初的音乐记忆,这些都是对孩子最好的音乐启蒙。

第十八　终制

74　死者，人之常分，不可免也。吾年十九，值梁家丧乱，其间与白刃为伍者，亦常数辈；幸承余福，得至于今。古人云：“五十不为夭。”吾已六十余，故心坦然，不以残年为念。先有风气之疾，常疑奄然，聊书素怀，以为汝诫。

译文 死是人之命运前定的，不能避免。我十九岁的时候，正赶上梁朝发生动乱，那时也多次险遭刀剑之祸；万幸托祖先的福，才活到今天。古人说：“人活到五十岁已不算短命了。”我现在已经六十多岁，所以内心也就坦坦荡荡，并不忧虑今后的风烛残年。早先以前我就患有风湿病，经常担心自己可能会随时故去，在这里姑且写出我平常的想法情怀，作为给你们的告诫。

感悟 家长不可能永远陪伴着孩子，总有一天他们要独立地面对一切。聪明的家长是把自己的人生经验用孩子能够接受的方式传递给他们。当然最重要的还是孩子自己的亲身体验，家长要舍得让孩子去经受挫折和考验。孩子和小朋友闹矛盾，受了委屈，

要告诉他家长不会去帮你出气，自己的问题自己解决；简单的家务要让孩子去做，哪怕他摔了碗筷，弄脏了衣服，也不要呵责或是过度关心，及时地鼓励和指导就可以了。家长每天关注的不是为孩子做了什么，而是让孩子学会做了什么，这才是真正负责任的爱。否则孩子一辈子都断不了奶，吃亏遭殃的还是父母和孩子。

75 今年老疾侵，傥然奄忽，岂求备礼乎？一日放臂，沐浴而已，不劳复魄，殓以常衣。先夫人弃背之时，属世荒馑，家涂空迫，兄弟幼弱，棺器率薄，藏内无砖。吾当松棺二寸，衣帽已外，一不得自随，床上唯施七星板。

译文 现在的我年老多病，随时可能危及生命，倘若我突然离世，难道还要强求你们把葬礼准备周全吗？一旦我去世，只希望你们能为我擦洗遗体，不需要再举行“复魄”礼，然后给我装殓普通衣物就好。先母去世的时候，正赶上饥荒之年，当时家境贫苦，我们弟兄也很小，所以先母的棺材很单薄，墓穴内也没有砌砖。所以我也只需要二寸厚的松木棺材，除了随身穿戴的衣帽之外，其他随葬品一概不用，棺材底部只要垫上七星板就好。

感悟 孝敬亲人的最好方式，是在亲人在世时的关心和体贴。一般来说，家长如何对待自己的老人，孩子也会在将来如何对待家长。家长要经常关心自己的长辈，并且让孩子和自己一起去做一些关心长辈的事，如带孩子去给爷爷奶奶买节日礼物，一起打扫家里的卫生，给长辈捶捶背、捏捏肩等等。让孩子在一个温馨、和谐、尊老爱幼的家庭环境里成长，他们就会慢慢知道：这不是责任，也不是义务，而是一种源于内心的美德。孝敬父母是自己应该的，不需要承担任何的压力或责任，这就是亲情，是割舍不掉的。

至于丧事，一定不要大操大办。奢侈靡华的丧事，只是一种给活人看的表演；简洁庄重的丧事，会让孩子明白，对一个人的怀念应该是在自己的心中为他永远留下一块位置，告慰先人的最好方式是生者的尊重生命，健康生活。

76　孔子之葬亲也，云："古者，墓而不坟。丘东西南北之人也，不可以弗识也。"于是封之崇四尺。然则君子应世行道，亦有不守坟墓之时，况为事际所逼也！吾今羁旅，身若浮云，竟未知何乡是吾葬地，惟当气绝便埋之耳。汝曹宜以传业扬名为务，不可顾恋朽壤，以取堙没也。

译文 孔子安葬双亲时说："古时候的人只挖墓穴而不筑坟。但我是东西南北四海为家之人，墓地上不能没有标记。"

于是弟子们就为他筑起四尺高的坟头。如此看来,君子立身处世践行自己的大道,也有不能守着坟墓的时候,何况为情势所迫!我现在客居异乡为异客,像浮云一样漂泊不定,甚至不知道何处是我葬身之所,所以我断气后就地埋葬就行了。你们还要以继承家业、扬名立万为己任,切不可一味眷恋埋葬先人的故土,而断送自己的大好前程。

感悟 追念逝去的亲人祖辈是中华民族的传统美德。每到清明,上坟扫墓,联系的是浓浓的人伦亲情。很多家长怕孩子沾染"阴气",这样的场合都尽量不让孩子参与。其实有些东西是避讳不了的,越是有意地掩饰,越会让孩子好奇;越是好奇,孩子就越要从其他渠道去了解,那样得来的就可能是片面甚至错误的信息。五岁以后的孩子,可以带他参加一些祭奠的仪式。但要尽量避免烧纸、焚香、放炮,可以用鲜花文明祭扫。家长要在整个过程中穿插着讲解亲人的贡献和事迹,让孩子回忆、追思、记得家庭的每个成员,即使他们的生命已经离开,在我们心中这个家族依然有他的位置。缅怀的意义不单纯是对亲人的思念,还为了激发孩子珍爱自己的生命和身边的生命,激发孩子对家庭的认同和亲近,从而让孩子明理、懂事、懂得感恩。在凝重严肃的祭奠仪式结束后,家长最好再安排一下踏青春游的活动,让孩子感受到春回大地,到处一派生机勃勃的景象。把祭祖扫墓和郊游踏青结合起来,既陶冶情操,又促进了孩子身心的健康,让孩子认识到生命的可贵和美好。

家有宝贝，欢乐伴随着责任，幸福夹杂着苦恼。孩子的个性千差万别，家庭的琐事千头万绪。现在的家长们太需要理解和支持，太需要新鲜的育儿理念和思路了，当然更为迫切需要的是可操作的、管用的办法。市场上这类的书籍如汗牛充栋，让家长们应接不暇，无所适从。百家之言皆能自圆其说，有时自相矛盾，有时看似有理，但用起来却总不得心应手。

其实，经历了岁月淘洗的经典是最能经得起实践考验的，《颜氏家训》就是这样一本书。笔者每每惊叹于它的系统性和成熟性，似乎洞穿了千百年的时光，准确地抓住了当代家长们最关注的焦点问题。在这本书里，有讲道德修养的“风操”篇，有讲读书学习的“勉学”篇，有讲如何择友、立志和处世的“慕贤”篇、“涉务”篇等等；十八个章节，脉络清晰，一目了然，便于家长们根据需要随时翻阅。

本书提炼出原文中的智慧闪光点，加以拓展和阐发，结合大量古今中外的家教实例，给出具体的解决方案。另外，在很多段落中也明确地指出了在早教中存在的各种误区，以及违背教育规律的错误做法，让家长们阅读后会有所反思，有所领悟，并能从中找到适合自己的教育细则。